李亦榛 编著

天花板
设计圣经

Plafond Design Ideas

天津出版传媒集团
天津人民出版社

◾目录 Contents ◾

对于专业设计人士来说，天花板是展现天才创意、带领消费者进入另一个世界的极致工法所在。

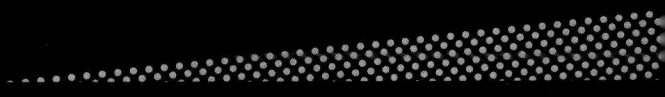

CH1

天花板设计的基础课

建筑物的结构是经过建筑师缜密计算的，

但是居住者的家庭形态不同或是喜好不同，

就会造成室内的空间区隔更改，

"梁"——这个东方人很在乎的结构就会出现在眼前，

当两者产生视觉压迫或面积不协调时，

最优且入手最快的处理方法就是，通过天花板的设计修饰，

马上解决建筑困扰，达到视觉平衡、放大空间比例的效果。

资料来源：李果桦设计师、林文隆设计师、林良穗设计师
图片协助：许宝聪设计师

空间布局中天花板的任务

Design Style Special Report Design

□ **想要房子看起来更高**？

一定要进行天花板工程，通过高低差的比例，来改变房间尺寸的视觉感。

□ **想要二手房看起来像新房**？

天花板可以修饰建筑物不平整的细节，让内部医美级地回春，即使其他家具都买现成的，也能像豪宅。

□ **想要更有气氛的世界**？

天花板造型可以将人的心情带到另一个世界，享受曲线或律动的气氛；或是结合照明让住宅更有味道。

就算只有一点儿经费，做出漂亮又实用的天花板区块，绝对能让房子变得更美。

1.协助室内空间达成"实质修饰"和"抽象视觉"的双重功能

天花板被公认为决定室内空间尺寸和使用目的的相当重要的技术，同时具有实质与抽象变化两种层面：实质的功能是提供系统性整合空间机能和设备，在抽象运用上以"视觉感受"的方式提供协助，不只高度与照明运用更多元，更无形中对天花板下方的物件提供心理上的保护感受。

2.天花板造型任务一：区分空间

人们需要明确且固定的功能定位，产生生活需要的安定秩序性，这种秩序性是室内设计隔间的进化。（编者按：在 17 世纪之前，室内空间是没有明确功能定义的，人们会在同一个房间中吃饭，夜晚直接在此睡觉，一个房间挤上 7 或 8 人是很常见的情况。）

而天花板的区块性，提供了区分开放式空间的功能。

3.天花板造型任务二：修整建筑梁的位置

集合式建筑是将生活需求的最大公约数进行统一化，只是为顺应人类生活文化不同或个人需求而调整后，空间比例可能被改变，梁或柱因此会显露出来，天花板造型就成为设计者用来处理结构梁的手法。

4.天花板造型任务三：整合生活设备

科技进步后，人类为了更良好的室内生活而发明愈来愈多的设备，从电线、空调到高楼层的消防设备，近年来高级住宅也将水路设计在天花板内（吊管），让天花板的负担愈来愈重。对于各种管线的高度，建议设计者首先尽量靠近梁来进行安排，或是靠近人们通过但不停留的地区，也不太会占用室内净高度。

■区分且定义各空间的功能

天花板与地坪在区分不同空间上有异曲同工之处，可以采取平整一致性的手法，表现流畅开阔的空间感；也可以利用高低、不同材质和造型的变化，暗示不同空间的功能与属性。更可以配合空间的动线行进，加上天花板灯光的明与暗、强与柔，使空间有更丰富的层次。

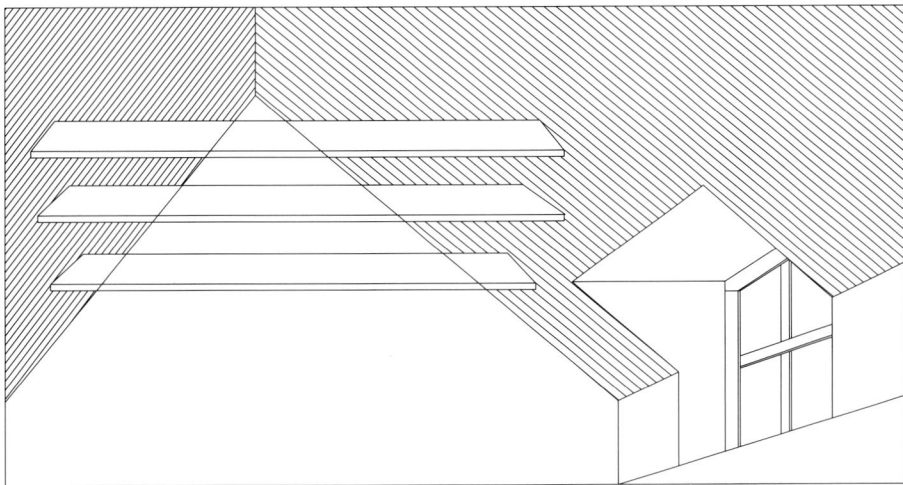

人字形天花板

常用天花板修饰方式

当隔间墙位置刚好在梁下时，梁的问题自然就被化解了，但遇到梁的位置尴尬且无法避开，就需要利用天花板来修饰。有三种基本观念：

①低天花板：直接在遇梁处降低天花板，利用天花板高低落差，顺势区分不同空间功能。

②假梁：新增假梁做视觉修正，营造出与真梁对称的美感。

③斜天花版：顺应梁位的高低错落，拉出斜屋顶的意象，找回人们对斜屋顶房子的共同记忆。此种作法不一定只能用在挑高住宅，事实上集合住宅也可以采取此种方法，顺势模糊梁的位置。（详见 CH2 模糊界线）

天花板在屋顶或楼板
结构上吊挂

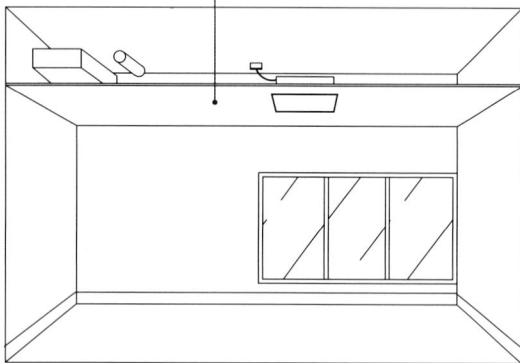

天花板的形成

裸露的屋顶结构
形成天花板

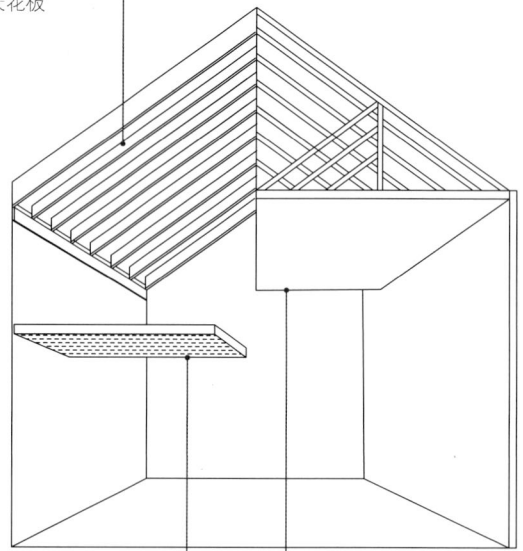

由顶部楼板结构
形成天花板

用材料与屋顶结构的底面
连接以形成天花板

■依序安排整合生活设备

天花板整合所有设备，但在设计前必须严格遵守以下顺序来思考：

1.细节要事先确认，避免损失

天花板要整合的工种与厂商数量很多，事前细节必须完全确定，否则容易造成建材与人工损失。天花板规划虽然是在平面配置完成后才进行的，但在工程上却是最先开始进行的，因为木工是由上而下作业的。管线最多，要配合空调、水电、消防、换气；工种最多，如果默契不好，就会发生挖错洞、施工失误等造成建材损失的问题。

2.安全的消防工程

①消防喷淋头的位置与半径都有严格规定，不能任意移位或废除，但可以配合天花板造型往下移，天花板的区域安排必须顺应消防管线区域，造型也不能影响洒水功能所涵盖的半径，可更改的幅度必须符合相关规定。

②设计大型公共空间时，紧急排烟设备的风管路线最重要、体积也最大，更会因为室内面积大小而有不同的规格，需配合专业消防公司，计算正确的通风导管断面。

3.空气的进出设计

空调设备，使用主流为壁挂式与吊隐式：

①壁挂式只须预留冷媒铜管的空间，出风与回风是在同一机件上，因此机件前方必须留意天花板造型，不要影响回风，以免制冷力不足；如果不得已必须以造型藏住，要加大空调设备的匹数。吊隐式空调则需要预留整个机件深度与维修口，会占用比较多的高度，送风分为下吹式与侧吹式两种，必须安排在人不会停留的地方，例如走道、电视机前方等。吊隐式也有回风的问题，通常是安排在送风机回风处附近。

②空气交换机、除湿机、空气净化器、吊扇、落地扇等，尤其大型商用中央空调必须有新鲜空气送风装置。

③厨房与浴室的抽风管最好不要从梁下通过，因为风管挤压变形会影响抽风的功能，所以天花板就必须局部下降。

4.灯光设备与视听设备

①依功能分基础照明、气氛照明（间接照明）、阅读照明与工作照明（餐桌与厨房），商业空间还必须有紧急照明与指示照明。

②视听设备：升降投影机、升降荧幕、喇叭。

■天花板设计分类：骨架＋面材

　　天花板造型由面材和骨架构成，造型名称有很多种，最简单的方式是以施工骨架方式来分类，设计者也可以以此为基础，变化出种种创意：

1.骨架—明架式

　　是指看得到骨架的天花板，例如轻钢架天花板、流明式天花板（将天花板的板材改为可透光的玻璃或塑胶材质，让光源可以从天花板透下来。），骨架本身是外型的一部分。

2.骨架—暗架式

　　是指看不到骨架的天花板，例如平顶式天花板、造型式天花板，看不到支撑用的角材骨架。

3.骨架—外露式

　　是指即使有天花板造型，仍能看到建筑顶部，格栅天花板就是其中一种。

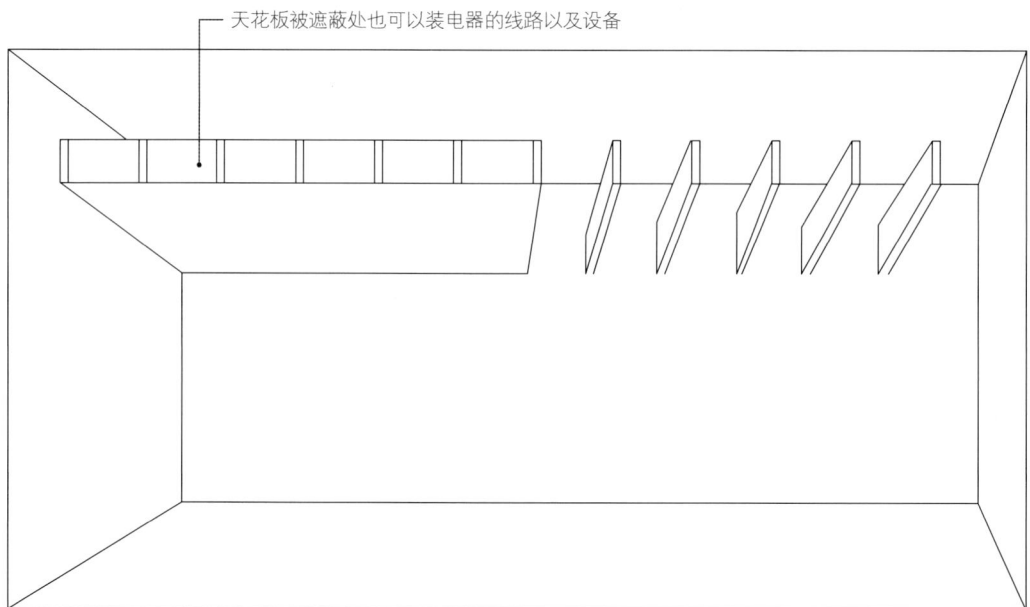

天花板被遮蔽处也可以装电器的线路以及设备

4.外型—平式

最常见的住宅天花板，通常是以安排照明与空调为主，通常空间的梁刚好位于四周。

5.外型—模糊式

模糊式是近几年开始出现的设计之一，主要因为设计师不希望空间被区分得太清楚，或因为在长型空间中，梁处在不理想的位置，所以将天花板以"片状"的方式进行处理。

6.外型—人字形、单面斜顶与金字塔形天花板

人字形天花板使空间伸展至屋脊线，因为双斜线条会使人注意力集中到屋脊的高度或长度；金字塔形的天花板则是直接将人的视线引到顶端，通过天窗延伸到室外。

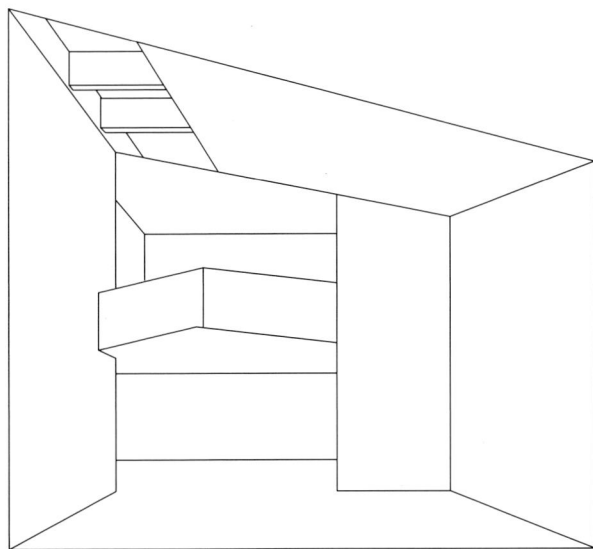

单面斜顶

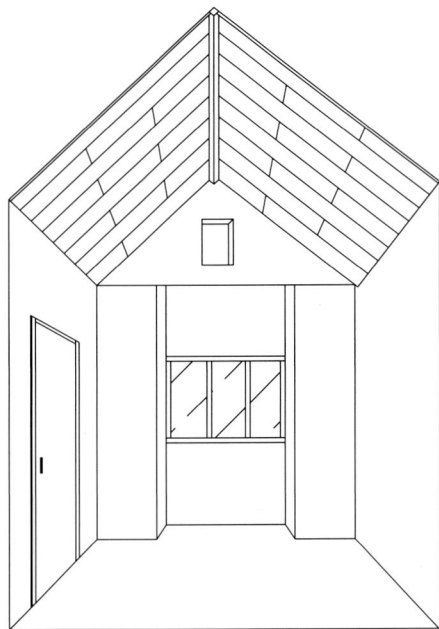

人字形双斜

7.外型—圆拱形天花板

圆拱形天花板的圆滑曲线与墙面的接缝处融合，成为整体塑造的结构性。弧形尺寸使人的视线沿弧形往上延伸，最后聚焦于圆顶处，然后往下，所以圆拱具有向下聚拢的无形力量。运用时要注意平面面积与真实空间高度，建议250厘米以下的空间尽量不要用，以免形成反效果。

8.开放空间的天花板造型也要有"主配"之分

在公共空间常常会存在客厅和餐厅、厨房与走道连接在一起的情况，天花板块要区分哪区是主角、哪区是配角，设计上分出轻重层次，选定区域是主角或配角，空间会更整齐；否则即使全部是白色，都可能变得混乱无重心，加上照明的设置，更显凌乱。最简单的排序就是，在一个空间中，哪个地方的生活最重要，哪里就是本区的重心。

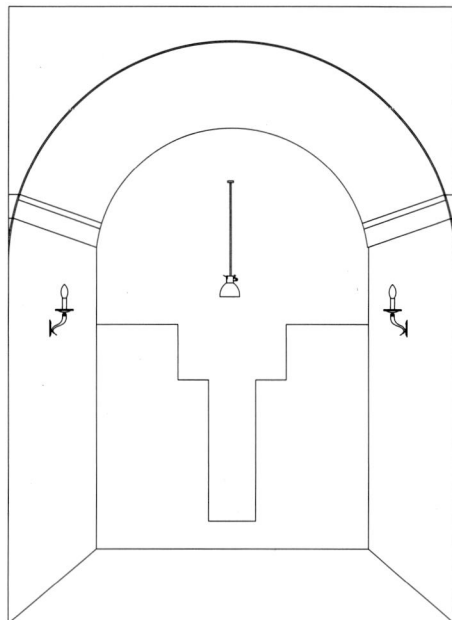

拱形天花板(1)

拱形天花板(2)

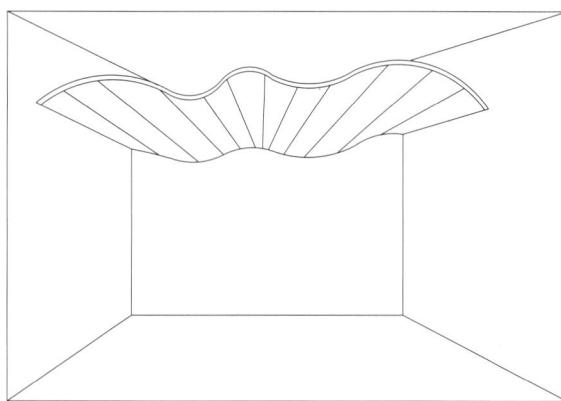

木头或金属板条

自由变化-曲线式

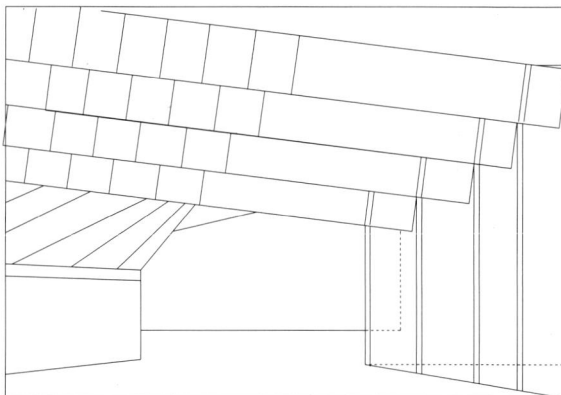

自由变化-直线式

■与平面配置的重要关系："上下对应""水平对应"

天花板设计在界定空间的区域方面，基本上就是"对应法"，对应又分三种情况运用：

1.天地上下对应

上下对应有时涵盖整个空间，显示整区都是客厅或餐厅，有时是局部对应，例如电视柜、餐桌中心点等，通常会运用不同的建材或是比较强烈的造型来强调。（详见 CH2 ）

2.横向水平对应

空间与空间之间的对应会发生在客厅与餐厅之间，或是客厅与走道、餐厅与厨房之间。一般而言，设计师会选择拉齐天空轴线的方式，也就是比较对称的做法。（详见 CH2 ）

3.家具配置对应

有时因为大门或管道间不能移动，不能选择天空轴线对齐，就只能改成用家具对齐的轴线来安排空间，这时的天花板造型就会选择非对称的做法。

■高度心理学，"高"或"低"各有意义

天花板的不同高度，对人的心理产生两种意义：一种是放大、宽敞的感觉，一种是有安全感的下降包覆。原则上来说，可以采取"低天花配小空间，高天花配高空间"的基本做法。

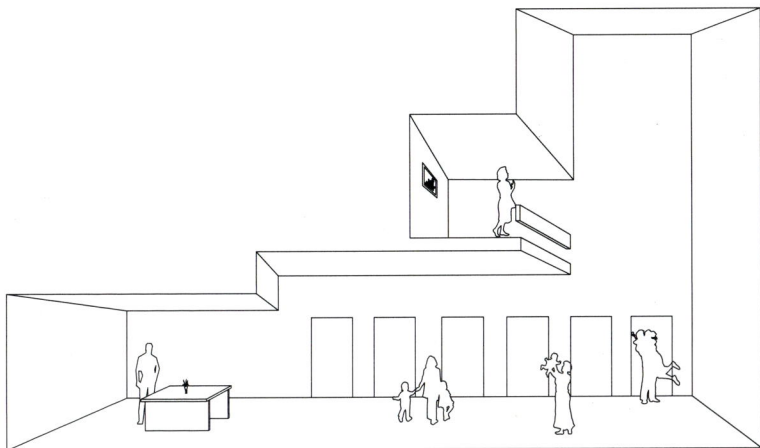

较高的天花板使空间有开阔、通风、巍然之感，同时更有庄严肃穆的气氛。而在四平八稳的格局中，低矮的天花板强调了隐蔽保护的姿态，具有温暖舒适的感觉。改变空间里的天花板高度，或是用不同高度的天花板来界定相邻两个空间的范围，两边用高低相反的天花板来强调差别

1.高度通则：不低于250厘米

对居住者来说，当然尽可能越高越好，扣除必要设备所需的深度之外，最好不要低于250厘米，因为250厘米以下就容易产生压迫感，万不得已时仅可规划为人不会停留的地方。

2.产生安全感的高度：不低于220厘米

这种设计通常会产生"包覆""区块集中"的感受，例如小孩游戏区、餐厅（位于动线通道上时）、阅读区都可能采用这种设计，220厘米已经是最低限度，或者把手往上伸时，不能碰到天花板。

3.不是"高"就绝对好

很多人以为天花板越高越好，能创造空间宽敞的效果，这并非绝对。研究显示，挑高的空间使人产生宏伟、正式的感觉，但如果设计过头，就会变成令人严肃紧张、失去亲密安全感的场所，有时还会令人产生郁闷的情绪。而造成挑高空间不同影响的原因就是光源设计，因为一整天的光源变化会影响居住者的心情，所以设计的重点在于彻底了解使用者的心理、想法会如何转变，同时要熟知光线在一整天中的变化，而且引光或反射光的中间介质设计会产生更多超出想象的光影变化，天花板的造型设计因而产生不同做法。

4.高度与宽度对比，决定空间大小

天花板的高度与房间宽度的关系，是两者对比造成的结果。也就是说，影响整个空间"大小"感受的因素，除了规范的基本尺寸，事实上还有房间水平尺寸的影响，并不是市场上所谓的"不做天花板保持房子高度"的偏见。

5.过高的天花板会使房间产生"狭窄感"

由于对比性，高的天花板会使空间的视觉宽度缩小，也就是当高度与宽度的比例不对时，例如过高的高度搭配过窄的面积，房子反而会显得窄小，尤其是所谓的挑高小夹层普遍都有这种现象。

6.高度与用途也有关系

好的设计者应掌握天花板的"正常"高度，与房间的水平尺寸及房间用途成比例。例如会议室与餐厅的主要用途是使人集中注意力，所以矮一点比较好；或是空间宽度不大，天花板略微下降一些，反而会使空间感觉比较大。

7.善用天花板与墙面衔接变化，产生拉高与压低的不同目的

如果需要天花板稍微降低，可以扩大天花板装修的范围（或材质），往下延伸至墙面上半部，就能从视觉上减少墙面高度。如果想再升高天花板，可以把墙面装修范围（或材质）拉成圆角，上升至天花板区，就能增加天花板的视觉高度。

8.空间容积变大更耗电

"挑高空间＝空间容积大"，因此空调的消耗非常大。目前流行不做天花板的所谓工业风，美其名曰节省天花板的工程费，但在夏天降低温度、冬天要开暖气时，将耗费更多能源。所以，天花板的设计要因地制宜，在费用、维修和美感上多方评估。

9."大或小"引导人们的精神变化

高度的确会影响人们的空间感。挑高的大空间使人放松，但也容易使人精神涣散；降低天花板的设计会使空间变小一点，而小空间使人亲密、容易集中注意力，所以书房或卧室小一点并不是件坏事。

10.挑高+斜屋顶运用

有些设计者认为建筑物净高比较理想时，应该安排斜的天花板设计或是挑高斜屋顶，还要搭配照明光源的引导，使视线顺利"上升"到屋脊或"下降"到屋檐。

11.挑高+斜屋顶注意事项

①避免阴暗面出现视觉死角：在尖顶区最好开设天窗，或是特殊照明。

②在较低处的天花板与人平视的视线高度区，运用人造光源设计出静谧的气氛。

③斜线的最低处可以落在240厘米处，最高处不可太高、太斜。

④应该在挑高的最高处设计"开口式天花"，将人的视线引导至室外的天空。如果在执行上有客观的困难，就运用人造光源来弥补延伸视线的功能。

12.圆拱或圆弧

很多人以为圆拱或圆弧有挑高效果，事实上，圆拱往中心集中具有明显的"聚拢"效果，若想运用圆顶天花造型营造古典建筑的挑高效果，有几个基本知识要注意：

①当面积太窄时，保留挑高就有难度：圆弧挑高只适用于"胖"一点的矩形天花板，当空间体积属于"窄"的长方形时，就要避免使用此造型，或是先降低天花板的高度，重塑空间体积的比例。

②除非直径或深度超过一定的限度，否则圆顶天花反而会适得其反，一般住宅要特别留意使用此种方式。

13.双层楼的挑高天花设计

遇到上下两层的空间规划可以配合楼梯设计区域，运用局部楼层地板开口，形成挑高天花的设计，让空间更有戏剧张力。若房子在顶楼，在条件允许时可以考虑天花楼板开设天窗，引天光进到屋内。

14.垂坠造型天花板设计

墙面的上端与天花板相衔接的地方，在垂直面处装饰一圈宽饰板吧！会有意想不到的好效果。当然你也可以在吧台上这样做，让垂板变成垂吊造型。

15.延伸墙面的天花板设计

打破墙壁与天花板壁垒分明的风格，适时将墙面造型向上延伸到天花板，放手雕塑空间让它成为一件艺术品。

■色彩与建材的搭配

1.天花板的选色原则与受光程度有关

在自然光的条件下，以受光度而言，地板最亮、墙壁次之、天花板最暗。由此可知，因天花板比墙面受光少，壁面选色最简单的方式是选择比墙面浅一号的色彩，使之具有膨胀效果。

如果天花板比较低，净高大约是240厘米，天花板要使用浅色；如果天花板高过250厘米，可以选择与墙面相同的颜色，但绝对避免亮色，因为一旦施工的细节处理不好，反而是明显的瑕疵。

2.建材运用最基本的观念：两种交替

如果有高低天花同时出现，高处采用木料时，低处最好采用涂装；若低处采用木料时，高处就采取涂装。也就是两者相互使用，构成有层次的搭配设计，风格也会比较强烈。

■照明

1.大型反射装置

天花板的高度与表面材质可左右空间的亮度。嵌在天花板造型的灯可以靠反射与折射得到和直接照明（垂挂灯具）差不多的照明效果，却能得到更多光与影的表现，尤其是浅而柔和的色彩可成为有效的光源反射体，当光线由旁边或下面照射到天花板时，本身就成为大片柔和的"照明装置"。这是不做天花板达不到的细致柔和效果。

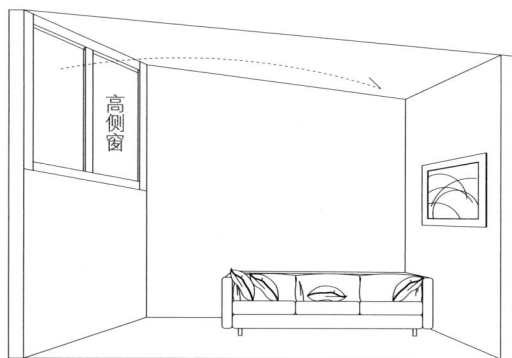

整个天花板本身就成为照明光源

2.照度：灯光可以制造明暗与距离感

很多设计师都知道不同的照度可以创造距离感，例如在庭园走道灯光的安排就是运用"水平可以拉长"原则，同样的道理在垂直运用也有同样的效果。

在走道设计出一盏一盏灯的天花板造型（尤其是格栅造型）时，也是利用光源和光源之间的阴暗面，让天花板显得更深邃。常见的各种天花板间接照明，就是制造出地板与天花板之间或是楼板与天花板顶之间的距离感。

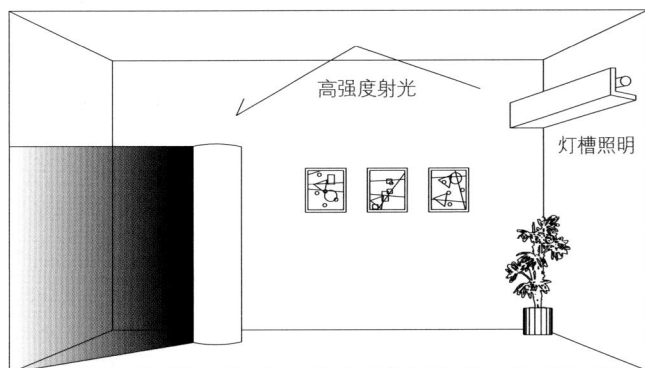

浅色平整的天花板可以用反射的方式处理照度

3.间接照明的美好距离一：洗墙光

以"光"的表现目的，来决定天花板与墙壁的正确距离。"洗墙"指的是光只从天花板缝沿墙壁流泻而下，也就是区块平顶天花周围藏灯，此种天花板本身与墙的距离大约保留10—15厘米，不可过多。

4.间接照明的美好距离二：光带

光带就有照明的功能，离墙距离可以在20厘米以上，这时要非常注意间照的区段与光带，隐藏在天花板造型内的连接灯或日光灯，须重叠5厘米以上，避免断光，否则会失去设计者希望达到的视觉延伸感。如果是设计格栅，各个格栅之间的距离维持在25厘米内，不要太大。

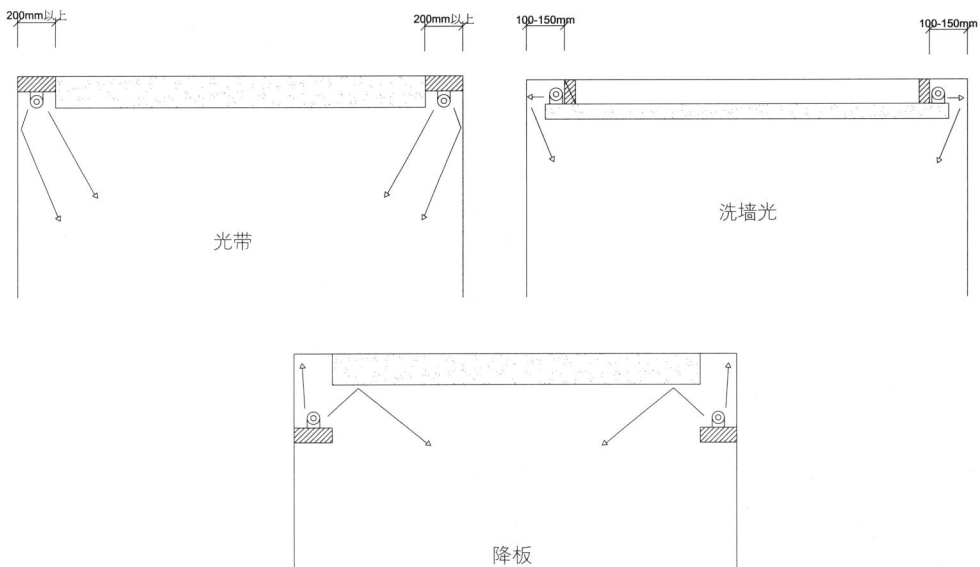

光带

洗墙光

降板

5.间接照明的美好距离三：降板

降板则是强调空间中央重心的手法，灯光设计在四周时，不只有往下照明的光，也有从降板反射下来的较柔和的光，光线的反射面不可距离灯太近或太远，白色为佳。如离缝开设距离不当，会变成一片硬生生的天花板压在头上，反而造成视觉上沉重压顶的感觉。

■天花板与声音反射

1.天花板的吸音功能

天花板表面材质与形状对室内声音有极大的影响，所以大部分不做天花板的工业风格的空间，都比较嘈杂或有回音，对于听觉敏感、睡眠质量不佳的人来说，住进去后才发现就很难补救了。

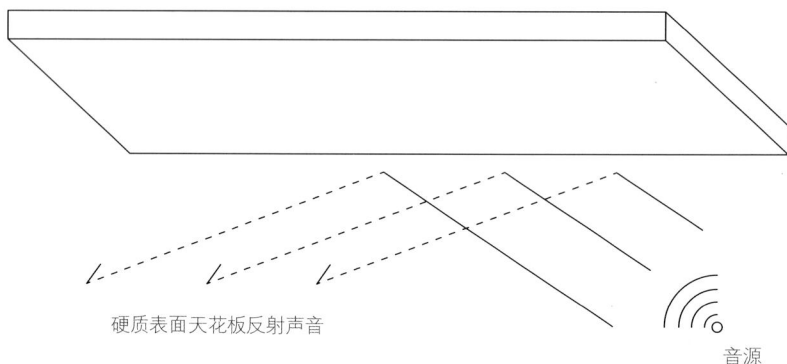

硬质表面天花板反射声音

音源

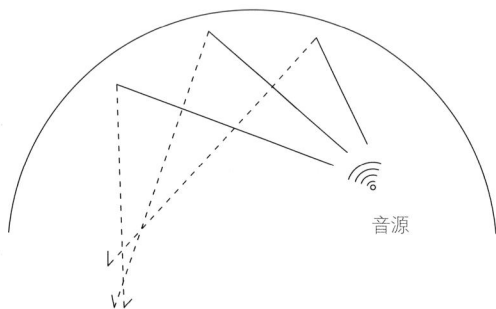

穹窿和拱顶产生焦点并强化颤音

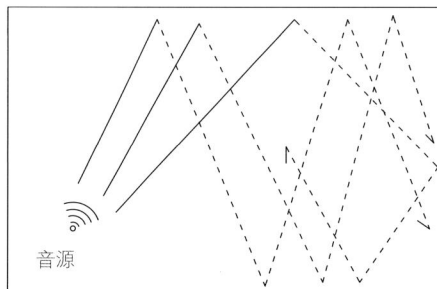

音源

平行的两个硬面能产生重复的回声和颤音

2.各式天花板对声音的反射结果

　　平式天花板比较容易反射声音，但因为住宅空间中还有其他布料、设备等可以吸音，所以尚且可以接受；凹形与拱形的天花板反射的声音多为回音和飘荡的拍打声，将圆弧表面改为多层次，就可以缓解这个问题。格栅则有良好的反射声音的效果。

■施工重点——吊筋角钢

1.角钢数量

　　以100平方米的住宅的客厅为例，至少需要30—45条角钢，才是安全的承重施工。

2.吊灯的天花板承重

　　主灯处如吸顶灯或小吊灯，固定处需要特别加强角钢；大型吊灯的固定处，须直接锁在建筑结构的楼板梁上。

3.进行前的测量工作

　　请确保施工人员确实测量每一根梁的大小、尺寸与位置，并注明梁下净高尺寸。

4.各设备需要的深度

	消防喷淋头	排烟设备	壁挂式	吊隐式	全热交换机	空气净化器
机器深度（机器或管线）	30厘米	须配合专业消防设备业者先进行评估	45厘米	35厘米	25—35厘米	30厘米
天花预留深度	可修改长度			40厘米	35厘米	

	筒灯	间照灯管	升降投影机	升降荧幕	喇叭	
机器深度（机器或管线）	3厘米	依品牌	依幕尺寸	看升道厚度		
天花预留深度	5厘米		根据厚度至少增加5厘米	至少增加5厘米		

CH2

天花板设计的进阶课

走进室内，进行平面布局前，必须带着"连接"的眼睛。

因为空间有六个面，设计者必须综合构思，

设计的思考应该有次序性，

为了处理建筑结构、空间区分、视线平衡等问题，

必须连同墙面、外环境一起思考，

加上机能设备、高度，这些是综合性的重要设计。

天花板是跨界的立体思考

Advanced class of interior designer × 王俊宏

虽然天花板造型工程被安排在环境观察、平面配置之后，但是，天花板最终必须能担任平衡空间比例、整合机能的角色，甚至担任"跨界"的角色，带给水泥室内空间变身成"另一个空间"的能量，或是承担"平衡稳定"的功能。

"跨界"本身就是一种交替运用的思考，天花板也可能变成墙的延伸，所使用的材质可能是相同的，因此要综合评量。

很多人无法理解为什么天花板的经费这么高。这是因为天花板要整合与修饰空间中所有的事物，工程复杂度极高，大部分的细节都隐藏在眼睛看不到的地方。

天花板代表的意义是：一个空间被整理得井然有序的思维 (图片提供：森境设计)

人物file 王俊宏

给室内设计师的话

不管是年轻时跟随师傅的实习过程，还是个人独立运作的实务过程中，室内设计师有相当多时间是在做"整合"的工作，这是我很重视的观念，"造型"是在"整合"后才思考的问题。

整合、修饰是最重要的任务，然后才是造型

☐ 设备系统整合→外型修饰

☐ 室内观察→开始进行格局切分

☐ 设计→需要各区清晰分界或是模糊梁与
　　　空间的界线

☐ 照明与高度心理

　　一个有功能的天花板、或是让空间顺畅的天花板，必定有三个重要的设计特质，就是"机能""结构"和"比例"。

　　天花板设计前的思考顺序为：机能、视觉、造型、修饰。每位设计师的思考顺序不同，但是大家公认处理设备与机能整合是优先的。

修饰沙发上方的梁，不一定要用强烈的造型转移视线
（图片提供：森境设计）

第一步："机能"
光电机能的整合＋修饰

为什么必须看重天花板的"机能"与"修饰"？因为这是与业主最密切的，必须修整而产生出来的造型，最后有可能产生独到的设计标志。所以，设计师先进行机能安排，把基础事情做好，会比先想造型更实际。因为空间是被重复使用的，并不会只为视觉而存在，"好不好用"最终会是真正的评价标准。

换言之，天花板造型设计，就是要先面对"整合"这个现实，照明、空调、消防、线路是生活中所有的琐碎与日后维修的重心。

外显的整合：回风口、出风口与维修口

想要使住宅看起来质感更好，吊隐式空调是设计师选择的配备之一。标准的空调设计，是在天花板对称两侧安排回风与出风口，并且距离1.5米以上，此时的制冷效果是最理想的。

除了机体需要比较多空间外，还有另一个问题，就是两侧都出现风口格栅，再加上维修口，天花板区会出现很多零碎的"线"。如果是发生在不对称的天花板造型中，设计者就要尽量以简化的方式来处理问题，"一条线"也就是出风、送风功能都在一起的方式，是设计师可以考虑的一种选项。

强化不能避免的物件是一种反向思考法。因此我采用深色设计，安排一个适当的颜色订做外格栅，现在却变成了天花板的镶边造型。

外显的整合：格栅不能挡住消防喷淋头

前面说的订制格栅设计，宽度尺寸被设定为16厘米×12厘米。

原因是高层楼有消防洒水措施与烟雾探测器，侦烟器直径8厘米，消防喷淋头启动后弹掉、洒水有固定的半径距离，都不能受到影响。设计师应该花最多的时间思考如何满足机能，并同时解决现实问题，例如将烟雾探测器外壳拆掉，只要感测器的晶片功能不受限就行；消防喷淋头则是找到一种器材，并且贴上木皮修饰（当洒水管降下来后，头会自己弹掉），两者都嵌入天花格栅里面，而格栅的宽度也由此决定。

照明
空调(冷或热)　　机能　　修饰　　造型　　视觉　　高度感受
消防　　　　　　　　　　　　　　　　　　　　　　　视觉变化
电线
维修口　　　　　　　　　　　　　　　　　　　　　空间分区

分区不清楚、但餐桌是空间重心的天花板设计法（图片提供：森境设计）

一个功能完整的天花板必须具备满足机能、构造清晰、空间比例顺畅
三个原则（图片提供：森境设计）

第二步："结构"

修饰结构 × 梁、柱、墙

天花板造型确实和内外环境都有关。进行内部环境观察时，牵涉到梁的位置、深度，柱子的位置以及隔间墙；进行外部环境观察时，要注意窗外的各个角度，严格来说就是"高度运用"与"平面配比"。

设备所需的深度

首先考虑高度的问题，例如空调与梁，这是空间中常见的现象。近代的空调机器比较薄，约为 23 厘米，但是施作高度必须保留 35 厘米，这就是"既定的深度"，深度会决定哪些区域必须下降处理。

如果是在祖国大陆，则还有板墙位置的限制（指不能拆除的隔间墙面），就只能把设备安排在不会产生压迫感的地方，然后进行修饰。

分界：清晰分区还是模糊界线

是要清楚标示另一个空间？还是要模糊两区？天花板具有改变整个建筑内部的决定性功能。

梁柱系统的建筑有可能出现"横梁"从空间跨过的情况，公共空间切割不当，造成客餐厅比例不合理，私密空间最忌讳在床上方切割。板墙系统的问题则是很多墙面不能移动，一旦空间面积比例失衡，又不能拆墙重组空间，所以设计师要先回到初始点思考：想要清楚区分每个空间吗？

1. **"模糊界线"**：通常运用在面积分配十分不理想的地方，或是不希望被梁打断连续性设计的地方，转弯处的折区会出现阴影。

2. **"清晰分区"**：如果空间面积合理，梁的位置适当，通常会采取顺应建筑的做法。但当长宽比不太理想时，尤其是梁落在桌面或床面时，设计师也可以采用"强势分区"的处理方法，也就是将梁变成造型的一部分。

有段时期，很多台湾建筑会在沙发后面安排一间书房，这种状况下就可以做一个整体天花板；但如果这两个空间之间有根横梁，有连贯感的天花板就是一个好选择，空间不会被梁切割开。

　　梁的存在是正常的现象，但现代人不可能因此不在意"梁下"的问题，如果真的不想做天花板，只能多利用工业风手法弱化梁的问题，例如选择深色天花板。

　　平行垂直的天花板造型或非几何类造型，关键就在于解决梁与柱时要采取的动线方式。

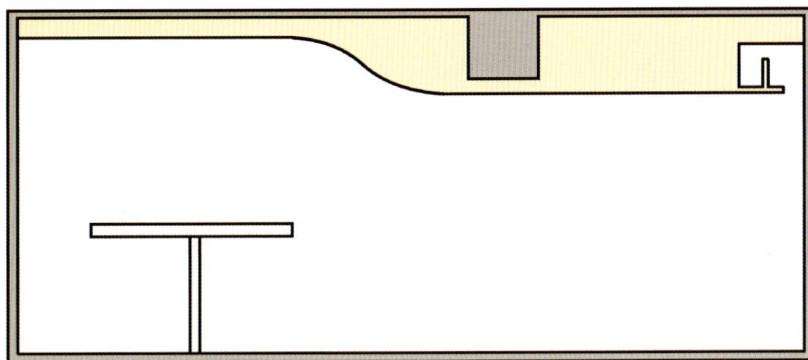

当梁出现的位置不理想，或是开放空间想保持连贯性时，天花板设计就可以采取"模糊界线"的手法

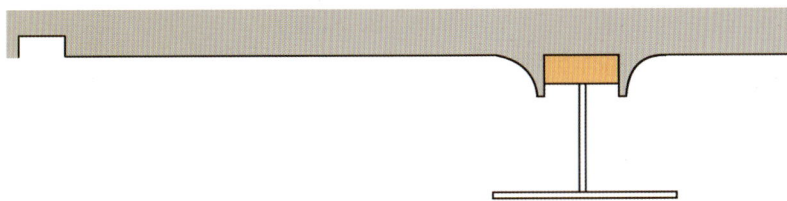

有些时候反而可以利用梁来增加造型感

从墙面转折到天花板，是"跨界"的设计法

专业的设计师始终在建筑体、工程细节、生活功能与视觉美学等不同领域间穿梭，天花板更是细节的"集大成者"。因为房屋的条件特殊，卫浴就处于大门附近，必须从入门处就开始安排。将盥洗台挪出卫浴，与玄关端景展示柜融合，玄关与客厅衔接处采取连贯的处理，延续圆弧造型语汇，勾勒出贯穿纵轴的廊道动线，墙面建材延伸至顶，更是天花板"跨界"的示范。

设 计 公 司：森境设计

1.不停留区的廊道，呈弧状一路延伸到底，同时整合卧室、餐厨、电器柜的开口，一气呵成通往工作室，延伸视觉放大空间感受

2.平面配置已经决定重要停留区与不重要停留区，天花板就构成安定的区块轴线。多功能悬空造型墙整合了端景展厅柜、盥洗台、镜子与时钟，形成专属空间概念的复合墙体

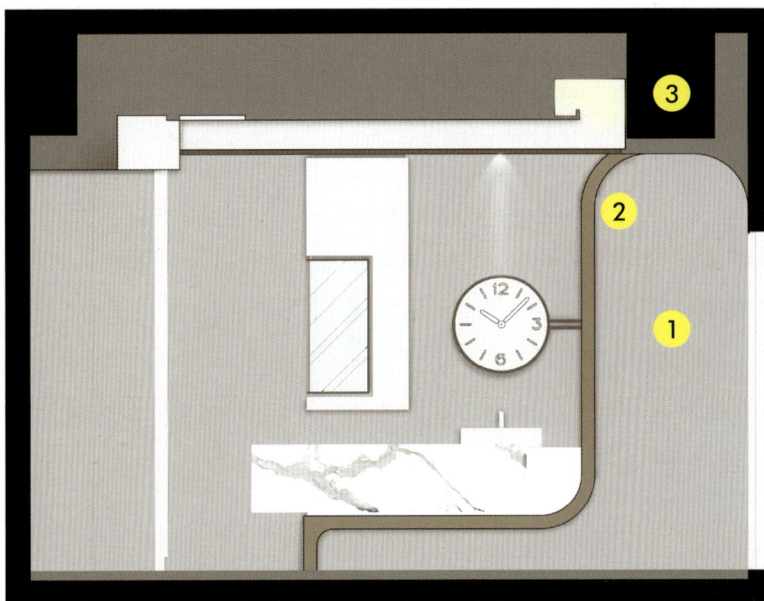

两个天花区块施工衔接立面关系图

1 梁下是不停留区

2 墙面材料跨界延伸到天花板

3 横梁

3.在轴线内与卫浴出入口，走道、洗手台与主空间之间必须有界面衔接，曲线状入口就以有强烈未来感的设计衔接这部分

B 正确的格栅尺寸，
满足消防与美感的双重要求

　　复式楼层建筑中，在往上的楼层分界区有两根大柱子，并排成虚拟的延伸轴线，看起来空间好像被分成左右两个区块了。设计师通过垂直水平的线条安排一层一层的生活空间，反而创造出舒适开阔的视角。

　　全室开放的设计和一步走到底的线状是处理灯光、空调和梁柱的共同手法，顺便整合了生活细节与流程，维持了区域之间协调、利落的契合。

　　在主墙间接灯光区刻意加上几只小假梁，平衡人类视觉对过长的平面承担的负重感。

设 计 公 司： 森境设计

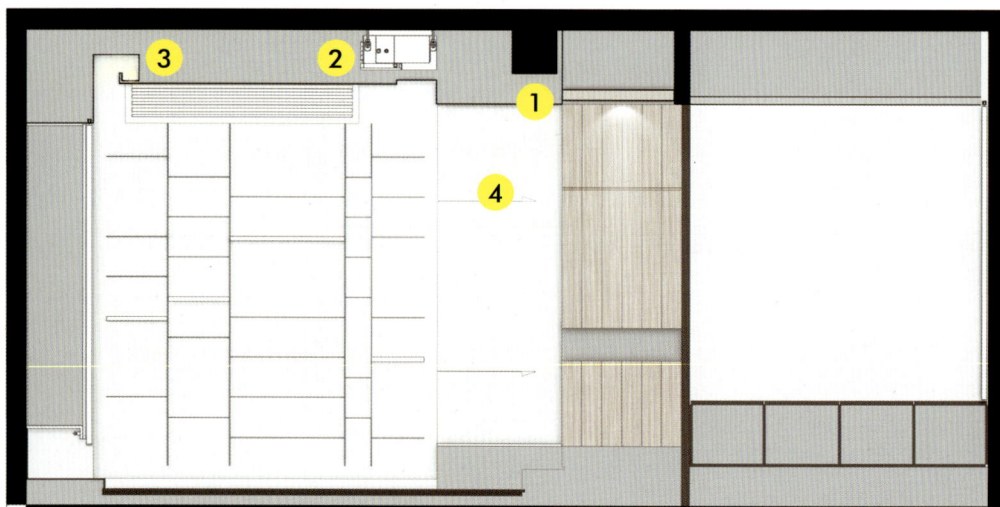

书柜区的天花板立体变化
1 收齐梁
2 空调机体
3 间接灯光区
4 对齐柱子的立柜

1.因为梁与柱的关系，复式楼层建筑必然要先顺着建筑纹理切割，
　因此进行平面配置并不难，但是难在选择的手法不能令空间"断
　掉"

2.走道的格栅与格栅之间的距离比格栅本身宽，才显出格栅本身的
　纤细轻盈

模糊界线 + 餐厅主角
的混合手法

空间大就容易设计吗？其实不然，我们反而常常看到拥挤混乱的隔间，或是比例不平衡的开放公共空间。为了解决这个现象，设计师运用减少分界的设计，用模糊建筑的手法来处理大面积。

大门中断整个空间，设计师增加了电视墙与展示柜分出玄关和公共领域的格局层次，并重新调配色彩调性，通过局部的镂空，保留公共领域的亮度。

天花板利用柔和的流线造型包覆梁体至走道区，就是"模糊界线"的手法，边缘饰以铜金色框架，部分内藏空调的出风口与回风口，为了不让天花板零碎难看，边缘反而可以整理成饰边，营造低调的奢华质感，并向两侧延伸为客厅与餐厨区域，使空间纵深具有合适的段落区分，餐厅的深色格栅显示其为开放区的主角。

设 计 公 司： 森境设计

1.深色的回风口与出风口是设计师特别订制的，原本因为修饰而做造形，后来成为空间的线条

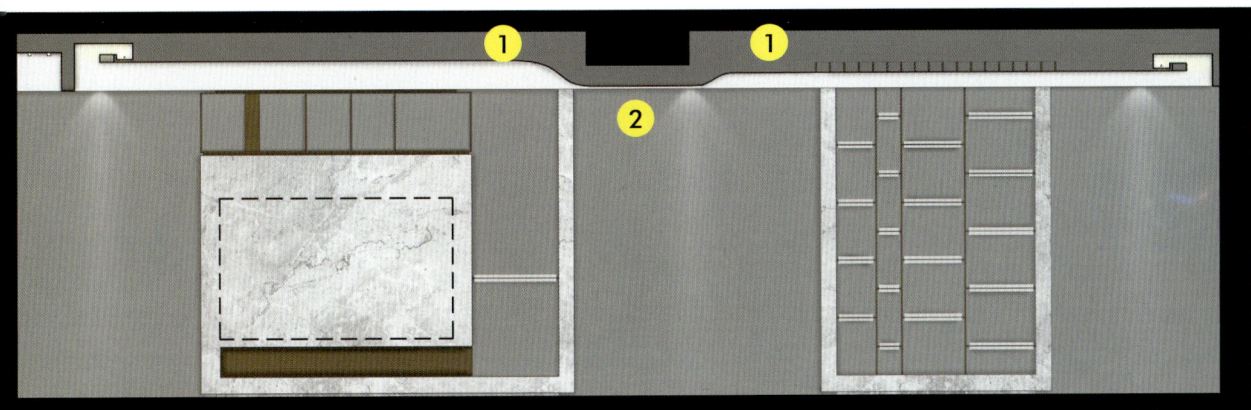

电视墙与餐厅墙的立面图
1 左侧天花板略高+右侧融入格栅
2 曲线天花板让梁不会明显切分客厅和餐厅两区

2.梁出现在过道上,又处在入口区某一边,造成空间失衡,这时就要采取模糊界线的方式,让客厅区连同走道一起延伸

3.将风口与维修整合在一起,以深色的订制格栅修饰

D 与音响设备结合
考验造型的天花板

对室内设计而言，每个家都是依业主需求量身打造，天花板更进一阶，是追求设计品味与工匠艺术的极致表现，越是设计细致的思维，越是暗藏在天花板的设计中。

整个公共空间是一整片光花顺着梁弯折，展现柔软延伸的特质，中段还有特意露出的小假梁，玄关处仿佛艺术品的天花板造型，其实是结合顶级音响需要的喇叭，使其化身为家中的装置艺术，并融合各种管线需求，打造出独一无二的精准设计。

客厅的高级音响设备经过设计创意，其管线的配置与安排通过室内天花板，走到玄关的其中一个扬声器，以有机造型结合起来。

设计公司：森境设计

1.餐厨区的照度很复杂，必须有间照与工作照明，天花板的造型还要考虑排风等，因此设计师选用苹果光膜处理工作照明。整个细如薄片的天花板设计延伸到拓采岩门板，彰显了厨具的珍贵与稀有

2. 从玄关开始的天花板以有机的变化向内延伸。着重居家娱乐与生活享受，是金字塔顶端客户空间设计的关键，位于玄关区的重低音箱设备是与专业音响厂商配合而规划的，恰如玄关入口处的空间端景

3. 客厅与书桌区的明梁以模糊界线的方式被修饰，但在与走道平行的梁之间的界面衔接处，特意让离缝明显，并且加做一个比较细的假梁，让离缝视觉更显趣味

从玄关到书桌区的立面图
1 收拢两只梁
2 结合重低音箱
3 镶边造型

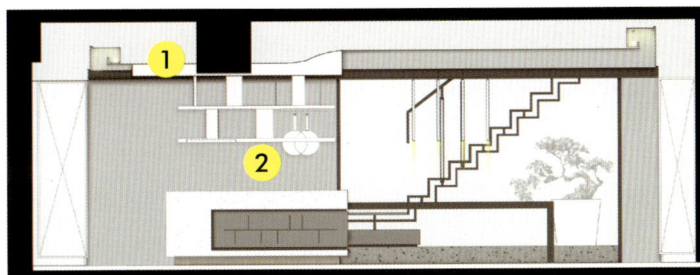

餐厨区的天花板整合功能细节图
1 收拢梁
2 工作灯光

凸显建筑结构的天花板，以视觉分配格局

双并宅邸会面对的问题是，左侧与右侧的空间都比较深，而且难以分辨，动线该往哪里走。本户一入门即面对同样的问题，往左是静谧的私领域，向右则是家庭与宴客都需要的厨房，偏偏还有些结构墙不能改变，那么，处理过道就很重要。设计师在走道天花板区，以穿越层架交错的天花板与层架来设计过道，将利落的铁件与温润的木质融合。

设计公司： 森境设计

1.因为有横梁出现了，延伸到餐厅的天花板才采取重心比较强势的做法，侧翼可以形成与客厅不对称的手法

2.如果是净高度在240厘米的空间，天花板造型其实可以考虑简单的平顶式

3.入门后的公与私两个领域 分别对应左图、右图

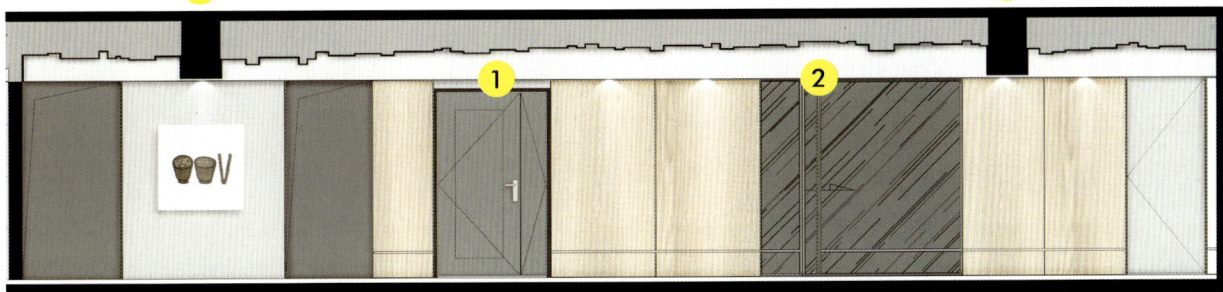

大门横向水平立面图

1 决定将主动线强势安排，将人的注意力从大门口直接引入

2 高低层次混合运用，梁本身也参与其中

高度，先影响生理还是心理

天花板的高度不是绝对而是相对的，换个角度来说，"使用频率"、"使用者"都可以决定天花板高度的合理性。

挑高好还是低点好？因使用而异

天花板的高度会因人而异，大人喜欢越高越好，小孩子就很喜欢钻来钻去，需要有安全感的区块。设计师就该思考：小孩子和大人对空间的感受有什么不同？还有什么变化？能不能做得更多？当我有机会设计幼儿园时，就会在天花板内再做一个天花板，形成一个包覆性的阅读区。

240厘米的绝对关键

在视觉上，240厘米以下的天花板会产生安全保护感，240厘米以上的天花板会让空间变得很深邃，无形中觉得天花板很高，这是一种利用错觉、错视技巧的展现。

只是，天花板还牵涉空间容积问题，业主想要快速制暖还是制冷？没有天花板的空间，好像省去了天花板工程费，日后却会花费更多的电费，这只是长痛或短痛的问题。

其实天花板有"低"才有"高"，这是一个相对视觉。

第四步："比例"
平面配置切分

先找出最大的一块面积，然后中轴线就出来了，同时大的平面配置完成。接下来的天花板设计与空间轴线是息息相关的，也就是"上下对应"。

第一个思考点决定天花板好不好用

第一刀，我会先找出空间最大块，主要中轴线就会出来（图1），有时中轴线也会是主动线，这是空间与空间之间的对应。于是我们开始处理，无论"对称"还是"不对称"，只要根据六大美学平衡来设计天花板与墙面的关系，都是可以的。

还有一种轴线，是家具之间的延长线延伸的结果，很有可能让另一区的中心点偏离中轴线。这时，天花板造型就要整合这些多出来的线，并在连接的空间中寻找新的中心点（视觉上）。

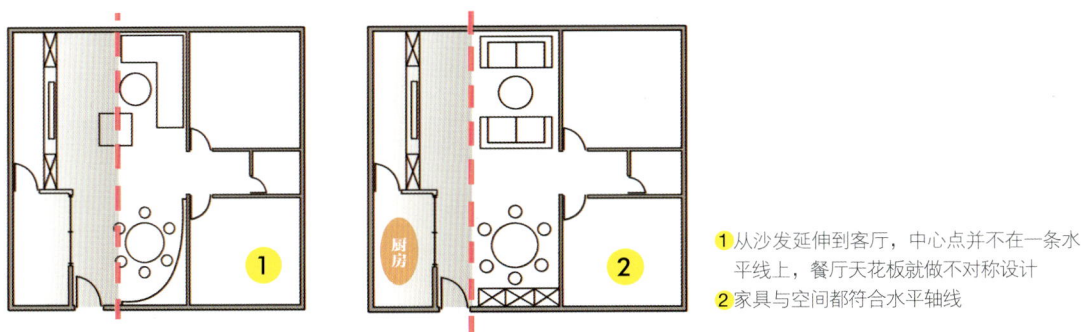

① 从沙发延伸到客厅，中心点并不在一条水平线上，餐厅天花板就做不对称设计
② 家具与空间都符合水平轴线

主动线：人不常停留的地方，适合整合机能

大家都知道人不停留的地方可以安排管线与机具，但是，一个比较低的区域和相对高的区域，又应该如何计算面积比例？

我习惯的机具空间大约需要1.1米的宽度，相对总面积一定要4.5米以上才会好看。我会根据整个空间决定，中轴线到底要走在电视机前，横过客餐厅两区，还是主动线上。这和比例美感有紧密关系。

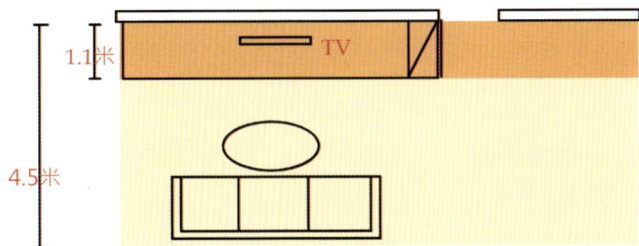

包覆式的设计
适合卧室内使用

复杂的梁柱结构将天、地之间的距离压缩，可以藏起梁与不符合需求的隔间，形成压迫感。

尤其是私领域的卧房，大梁沿窗而过，使得床怎么放都不对。设计师决定改变思维，床位重新安置，特意降低天花板整片的高度，反而可以创造"有包覆性的安全感"，也同步解决梁的问题。床位搭配复合机能的书桌设计，重新定位并创造双动线，使卧室通到阳台或衣橱都非常方便。

设 计 公 司：森境设计

1.主卧室在头尾皆有大梁横过窗户，床头放哪边都不行。既然床位于中心点，必须给睡卧区重新界定空间与安全感，整面深色木作天花板便与床区"上下呼应"

2.稍微降低有包覆感的造型，容易产生安全感。但要注意高度不可低于210厘米或避免伸手就会摸到天花板的情况

G 从墙面转折到天花板，是"跨界"的设计法

考虑到风水因素与左右两侧客餐厅的通畅性，在玄关处以一道如同水墨画般的雅致石墙区分内、外，同时也可以将许多机件设备安排在此。与降低天花板上下对应的是仿石磁砖作出空间界定。

运用蕴含东方特色的格栅语汇，设计玄关收纳，延续到客厅的电视墙以利落的线条切割衔接，而分隔客餐厅的分界通道，是无法避免的。设计师不只将空调设置在这段人们不会停留的区域，降低天花板的同时，还加上格栅照明，变成展示走道的明显特色。私领域在空间铺陈上，也同样采取从狭窄过道进入开阔的寝居区的设计，隐喻柳暗花明的生活意境。

设 计 公 司：森境设计

1.玄关区的停留时间最少，却又是第一印象区，因此将设备集中在此并降低高度，可以达到集中访客注意力的效果

2.走道也是处理设备的区域，但要注意从天花板往下延伸时，端点(格栅电视墙悬空柜区)的衔接是否比例合理、合乎美学

3.先压缩再升高，视觉的高度变化处理得好，会换来更强烈的感受。以一道如水墨画的隔屏，界定内外，也创造出艺术感十足的端景

H 以一侧整合的 跨界天花板

因为位于湖畔的景观地理位置，这是一个先观察房屋坐向的各种优势，再决定空间机能的良好示范。而且让所有空间连结在一起，就必须将所有机能谨慎隐藏好，当然隐藏容易，难点在于让业主生活方便、视觉清爽。

针对座向应用，设计团队将南面优良的采光保留给客厅与卧房，同时感受温煦的气流；北向湖景则留给开放式餐厨、卧榻与复合茶室。将客厅与餐厨置于同一水平，并采用开放设计，更利用拉门阻绝厨房的油烟问题；中岛吧台旁的卧榻可援引湖光山色。

玄关处的左右两区块都被整合成厨房电器设备、主墙、厨房门、收纳等，柜体建材往上延伸到天花板区，处理建筑大梁与隐藏空调和各种管线的关系，最后形成视觉焦点。

设 计 公 司：森境设计

1 抽风机体
2 齐梁天花板线
3 间接灯光

1.一进门就有大梁，势必要在此处理天花板设计与设备，因此空间轴线就必须采取家具摆放轴线为切分的方式，不对称的天花板设计就是适合这种情况的运用

2.另一边刚好对应窗边的结构窄墙

3.本区同时安排所有的收纳与厨房电器的柜体，因此特意采用与墙面一样的建材，往上延伸

I

分区清楚的
天花板设计

　　二手房的问题常常是为了功能，把内部空间分割得七零八落。业主是一对夫妻，所以公共领域采用全开放设计，选择了线条利落的无色彩家具单品，但是还是必须将玄关、客厅与餐厨区分清楚。降低玄关、电视柜区和安排设备，以磐多磨形塑圆弧造型，让全室的灰阶色调营造冷静、大方的气氛。不规则排列的格栅屏隔成为内外地坪的另类分界，正面迎来的日光使格栅立柱投下影子，每个时间位置都不同。

　　另外采用延伸至天花板的温润木质电视主墙，安排空调出风口、中岛吧台成为客厅与餐厅的链结。

设 计 公 司：森境设计

1.电视区只设置了出风口与送风口，进行区域下降也是合理的安排

2.其他的天花板几乎变成一种背景，让光与家具的影子落出各种变化

1 电视主墙区只是走动用，可以作为设置机件的地方
2 抓梁为同一水平

第五步："照明"
分区和照明有关系

　　空间属性决定照明方式，然后才决定了天花板的处理手法。例如，看书的照明跟其他空间用途照明不同，厨房的照明更棘手，因为料理和其他事情需要高照度的照明。如果做一个开放式厨房的话，照明的分区切割就会变得困难。现在我们将 Apple 的大灯膜运用在中岛上，这样可以增加中岛照射明度，但又会改变天花板的设计。

离缝和脱开的手法是两种观念，宽度会决定正中央的下降板块会不会造成压迫感，这需要特别注意

与客厅相连的书房区面积不大，所以模糊界线是很理想的手法

流明天花板的另一种做法

第六步："收尾"
界面创意

天花、窗与窗帘的三角关系

窗帘与天花板相连，通常是往上开或是往两侧开，产生的轨道就要跟天花板结合，除了预留宽度的问题，窗帘型式也会决定天花板做法与界面收尾。

窗外的景观连动到窗帘，天花板的设计就要处理窗帘与天花板的收尾关系。

另外台湾地震很多，数据显示一年就有 4000 多次。天花板在墙边做结合时，因为材质不同，例如砖墙和钢筋混凝土，即使再高的技术还是很困难，常常会看到裂缝。

早期设计师会在天花板做沟缝，也是防止地震后裂缝太多。所以我开始思考，如果不是平面衔接，改为立框面的设计，眼睛就看不到天花与墙面的衔接处，即使因地震摇晃出现小裂缝，也不会影响美观。

天花板设计：底衬为先、照度搭配

Advanced class of interior designer × 李智翔

天花板造型设计的思考逻辑有：照度、设备、系统性、空间性质等。

设计者最不能避免的是整合空调与电路，而这些物件一定会令空间内的净高度降低。我的建议是尽量先沿着梁的路线规划。既然这些设备会占用高度，使天花板下降，那么利用梁的侧边，就算必须做天花板造型，降低的区域也会与梁接近，进行空间区分时，也会和建筑贴在一起，产生合理的行进逻辑。

以肋骨为创意起点，运用预铸建材，精准完成暗藏灯光的片状天花板（图片提供：水相设计）

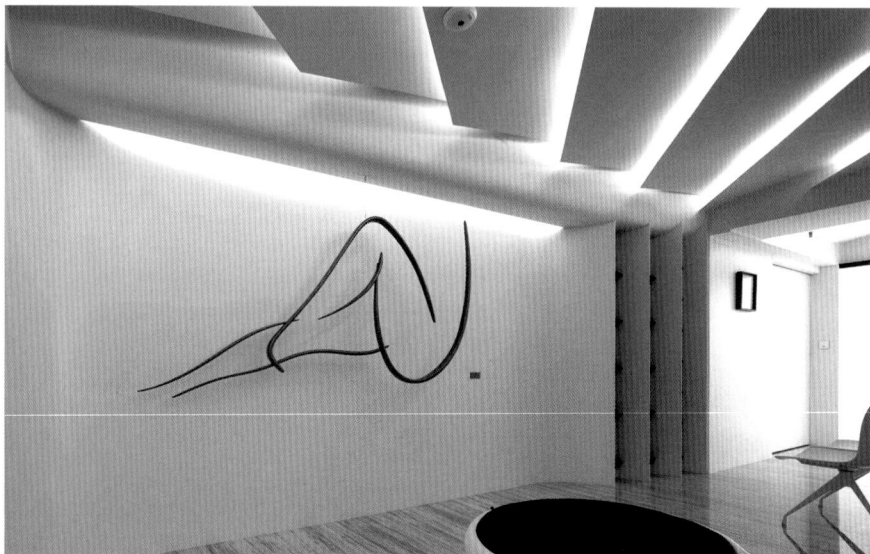

人物file 李智翔

给室内设计师的话

创意的开始不要只停留在第一时刻，要再进一步想，还可以如何转换，但要保持纯净的原貌与动机。

整合之后，天花板先朝简单思考

☐ 干净→控制灯孔数量

☐ 观察→只做底衬？还是夸张地做？

☐ 照度→会改变天花板每个角度的效果

然后才是思考天花板设计，我觉得"被限制"是很好的训练。如果设计者被限制建材与夸张手法，只能选择白色作为天花板的主色彩，就会以单纯为基础，反而迫使自己做到满足设备、区分、照度、美型全方位的功能。这也是我在设计时，能不断延伸思考的原因。

空调设备先安排在紧靠梁的侧边，可以保持大部分空间有足够高度，灯光从侧面泄下(洗墙光)，温柔而美丽（图片提供：水相设计）

在顶部开窗的四周，以两道渐层天花板作为细致的收尾（图片提供：水相设计）

靠近河岸的集合住宅，客餐厅之间有梁，波浪型的设计，低的部位就是容纳空调的位置（图片提供：水相设计）

第一步
学习体会梁与柱的美感

天花板设计不能免除的两大任务：规划机能和修饰梁柱。有时候，先确定梁柱的位置，也能产生出人意料的安排。

四方的梁呈现出的美感有种"体"的效果，极简主义大师的设计手法都是"一平到底"。所以如果天花板净高能达到240厘米，就尽量全封平，干净利落。但东方社会对梁有较多顾虑，一是因为传统文化，二是集合住宅的高度普遍都不理想。

然而以下两种情况就可以采取"强势"的天花板设计：一是梁柱太明显，二是高度不佳。

新式建筑的工法与结构都有很大的进步，梁与柱都是对称的，宽度与深度都有一定的逻辑性，把空间框成口字型，比较单纯。旧式建筑就可能出现尺寸不同的梁与柱，这种情况天花板的设计会比较复杂。

所谓的高度不理想，指的是梁下净高在240厘米以下，建议尽量只做局部的天花板，也就是沿着梁走的空调管线必须安排谨慎。

第二步
天花板角色是空间的底衬

设计师应该把天花板造型当成建筑物的一部分，而且要因地制宜地思考，视建筑空间本身的需要或是气质进行补充。"形式"与"功能"都要同步进行，顺应基地形状，让天花板完成最后的工作。

淡化或是夸张

当天花板只是整体设计的配角时，不要用太多材质，尽量淡化，因为天花板是"底衬"，设计的目的是反射地面，这样空间更容易"有气质"。例如，即使只用了圆弧的语汇，还可以顺角度多产生一些侧的折面；即使是人造光，还是可以产生不同面的照度与阴影。如此一来，纯净的白色也可以产生气质感。

"夸张"，是因为空间条件与照度需要共同形成

有时当梁柱太低，却又需要造型时，设计师的确可以采取比较强烈的造型。

造型也和想实现的未来结果有关。以办公室为例，常常会面临没有对外窗的情况，使用者人数又多，除了安排机能，也会以比较强烈的形式形成有效的空间需求。

座位区可以降低天花板高度，创造一个足以专心的环境，以干净平整的新式流明处理照度（图片提供：水相设计）

单面斜顶也可以运在一般住宅的室内，只要搭配好灯光与角度，就会十分有趣（图片提供：水相设计）

考虑高度，也会和造型有关

　　运用光线与天花板造型的基本原理就是光的物理学。所以设计者想如何控制更多光源，就与"让光进来的方式"有极大的关联，因为关系着直接光有多少、间接光有多少，也就决定了照明度。

　　尤其是斜度对高度与光线的物理影响非常有趣，所以看起来只是造型的天花板，其实都有实际的功能。

　　例如圆柱和锥体进光的方式就不同，光通过圆柱体射进来与落下的面积是一样大的。锥体则因侧面从窄至宽的面积不同，光线进入就会产生变形的间接光，这是设计者可以控制自然光的方式之一。

从壁面到天顶是完整的结构，光从侧面进来落进深井中，引导人的视觉往亮处走（图片提供：水相设计）

第三步
天花板造型与照度

人造的沟缝

沟缝是表现光的变化与阴影退缩最常见的手法，但是宽度是很重要的学问，从 2 厘米到 15 厘米，各有不同的效果。

灯孔是天花板外观必然会出现的。如果没有安排整体照明计划，天花板就会布满灯孔，视觉上会非常凌乱。设计师如果希望天花板保持干净，必须运用间照来补足，不同的宽度与亮度是必须突破的设计难点。

天花板的离缝技巧

离缝功能则是因为材质不同，例如硅酸钙板与钢筋混凝土墙面衔接，本来就会有界面问题，加上建筑物本身也会产生共振而产生裂缝。我控制的离缝标准是 2 厘米×2 厘米，这样产生的阴影，我觉得是最漂亮的。

在处理光与天花板时，设计师要清楚是要表现光带还是要反射环境光源。这两者差异很大，如果目的不清楚，就会发生最后天花板挖很多灯孔、乱七八糟的状况，或中央的板块变成巨大的沉降物，反而降低了天花的视觉高度。

窗边的光带要表现得漂亮，立面的天花板就很重要（图片提供：水相设计）

光在不同的面材上，会产生不同的效果（图片提供：水相设计）

利用灯光排列创造科幻的序列效果（图片提供：水相设计）

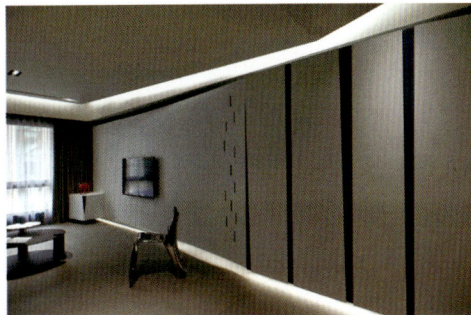

底部悬浮光和天花板间照相呼应（图片提供：水相设计）

天花板造型是光的物理学演进

每个建筑都有天然的建筑条件，并与当时的环境有关，设计者的工作就是重新思考与修整整个建筑。

这是专门为度假而重新设计的建筑，业主非常喜欢包豪斯学院风，也就是德式风格，在现代主义影响下，非常自由的平面配置使功能与空间可以自由调度，即尊重垂直与水平的交互运用，尤其是将室外引进室内，都是非常重要的特色。

这栋旧建筑需要有更多光线，所以不光是拆掉旧的墙面，还需要补强建筑物安全。所以整个空间以灰黑白为主调，在天花板顶部故意以不对称的椎体开窗，让日光进来时有不同的面积变化。

设 计 公 司： 水相设计

光是空间最好的礼物，而要让光的表现方式更多元，就必须靠天花板的造型设计

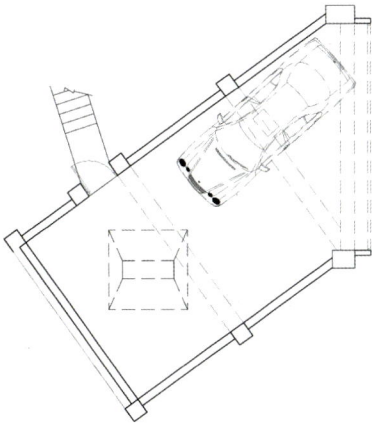

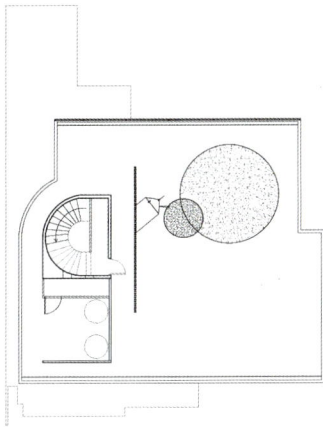

在方形椎状体中，刻意在右边采直线转折，这样当光走到另一侧时，转折出来的光块又会有不同的层次

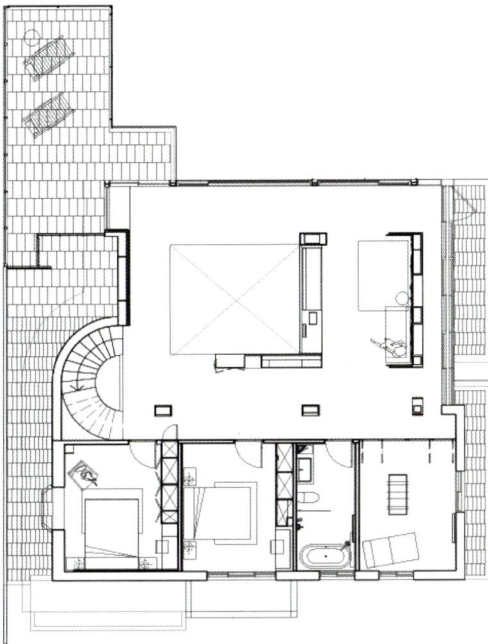

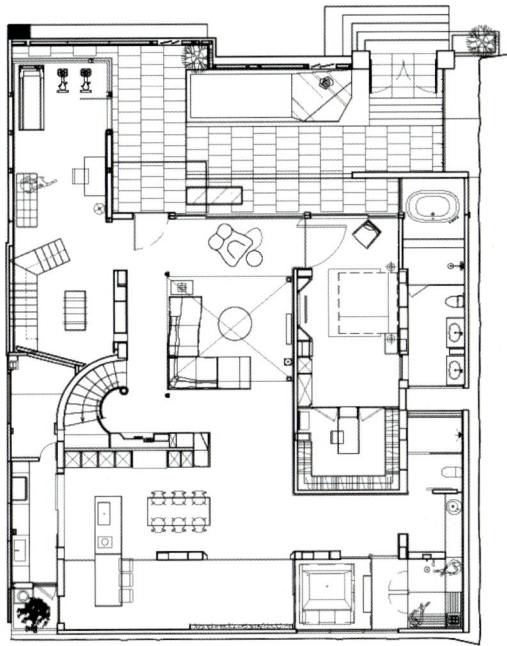

弧状层次为空间主题，表现现代文艺复兴

网络金融是非常特殊的业态，金融业本身是非常保守的行业，互联网则是较前卫的行业，两者比较对立。我采用了把文艺复兴时代的语汇放进未来性的新表现，将创造冲突的美学表现在材质、配色上。

厅区的天花板采取圆弧的层叠排列，主要原因当然是要考虑照度的安排，而我也不希望干净的天花板出现许多黑黑的灯孔，于是便以不同高度来层叠。

设 计 公 司： 水相设计

cnYES.com

素净的大厅中，藏管线与照明的天花板成为空间的主角，一层一层的弧形以精准的曲度组成

1.会议室的天花板还有聚焦的任务，这就是脱开的手法，宽度比例要正确，中央的块状才能产生悬浮的效果
2.天花板几乎没有灯孔，整个空间需要的照度都通过层叠的天花板落差渗透出来，阴影则让造型更加立体

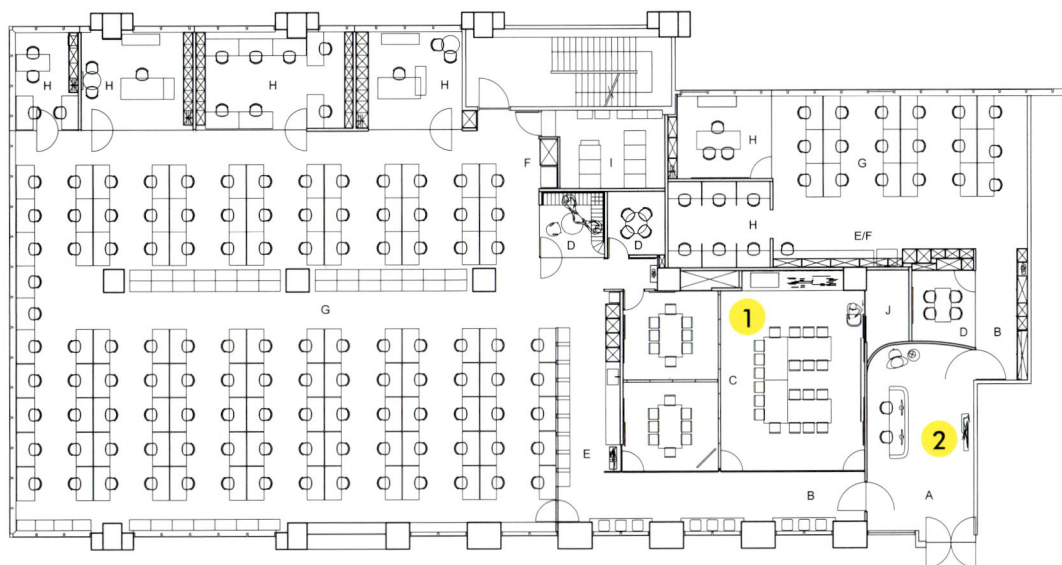

简单且强势的造型，
带来趣味的空间

业主是位服装设计师，因此在设计上以法式插画的线条来架构空间，黑白线条有粗有细，服装的因素也放进去，所以用蓝色和橘色这些比较大胆的颜色。

从餐厅到客厅的过程中，天花板藏了空调与梁柱，所以会下降一些。我刻意以粗黑的线条装饰整个客厅的天花板框边，出风口的黑色栅栏好像衣服上的拉链，变成趣味的一环。

餐厅区因为位于所有空间动线的交叉点，如果依照一般方正格局，势必会有动线死角，所以改成圆弧空间，天花板的圆弧也顺势层叠，带有动态的特点。

设 计 公 司： 水相设计

1.具有幽默感的创意，转换成迷人精准的线条，特意画在天花板下降区的四周
2.把服装设计系统的区位与机能连结在一起，出风口故意拉长，好像衣服上的拉链

3、4.餐厅位于全部空间动线的通道上，改成弧形让空间有流畅感，因此天花板也是一样的，但是圆弧采用稍微不规则的方式，让光可以有不同的阴影与层次

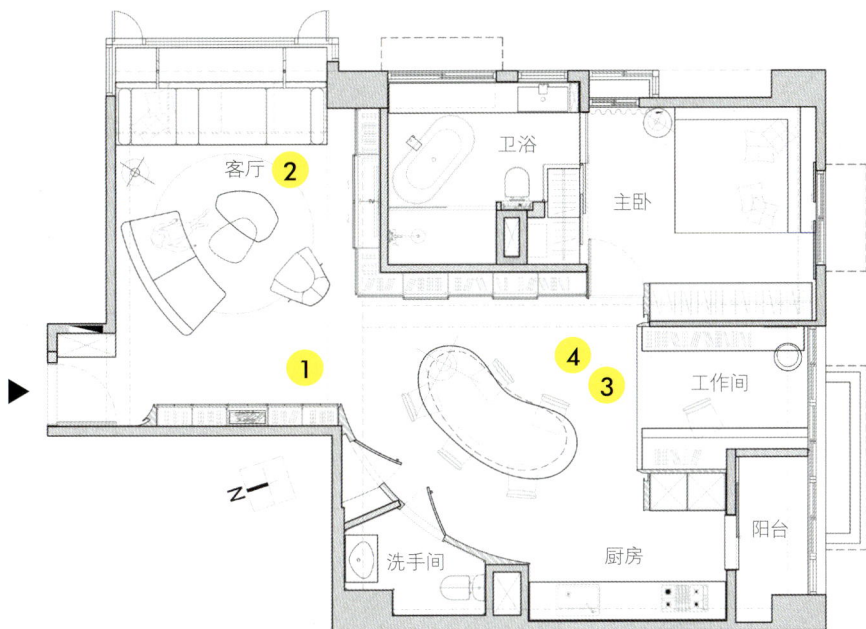

M 无定向平面配置，
搭配无界定波浪天花板

　　这是先决定家具的案例。主轴是一些经典北欧风家具，临河的位置已经解决景色的问题，带着非垂直的建筑外观。因此我们决定大胆采取没有固定面向的室内平面规划，希望家具可以随意组合，在一个框架内可以任意布局，而非习惯性地面对电视或是面对厨房。

　　空间已经采取无定向了，就将主题运用到天花板。波浪式的设计隐藏了机件与大梁，不对称的高低形状，也让下方的空间分区不明显，家具扩张或是换位置都可以。我们使用的白色都是不同材质的白色，通过光源能达到有趣的效果。

设 计 公 司： 水相设计

非定向的空间格局安排，希望给业主未来更多自由，而天花板当然也就采用了"模糊空间"的手法

1、2.将空调系统沿着有梁的地方安排，加上不同曲度的天花板造型收拢，赋予自由感

3.玄关区稍微下降，也有压缩再放大的效果，客厅区就会有更宽敞的效果

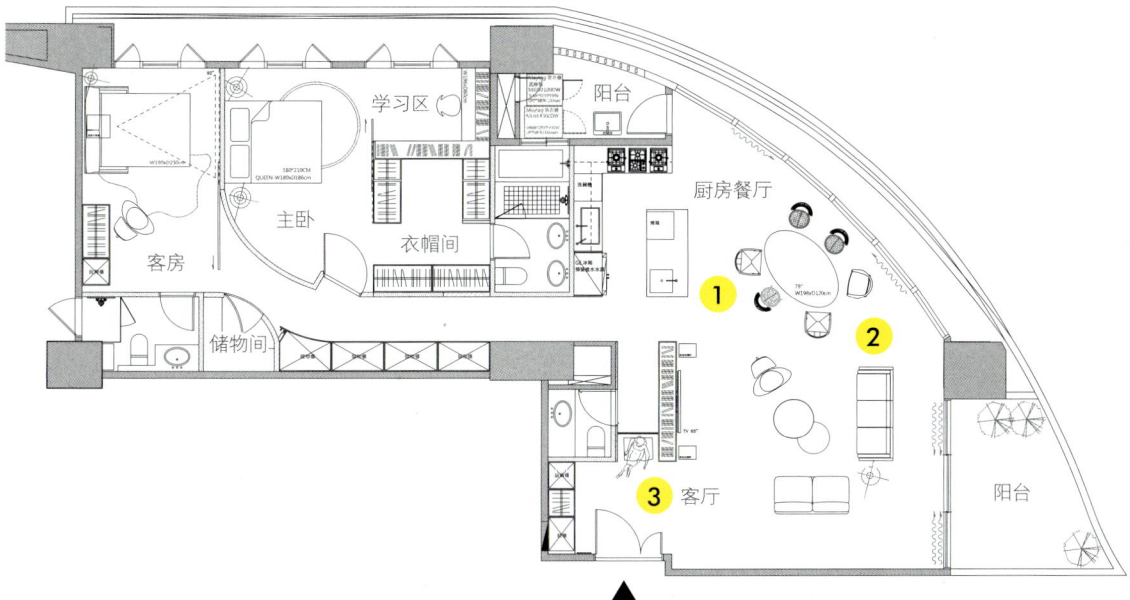

学习区

阳台

厨房餐厅

主卧

衣帽间

客房

储物间

客厅

阳台

倒 V 型格栅，
转换格栅的观念

N

　　这是一间比较封闭的办公室，本身是五金行业，内部工作人员多，还常常有快递公司前来洽谈业务，形成很混乱的场景。室内的员工人数多到无法分区，只能用屏风来架构大区。

　　为了与外界人员之间的工作衔接，我必须创造一个缓冲地带，在梯厅和办公空间之间发挥通道功能，形成交接处。

　　我以天花板的造型来呈现这条"河流"，两片一组、向上倾斜的面会让灯光落下来时，形成明暗渐层的阴影，简洁却效果十足。同样的语汇应用到办公区就是立板型的格栅，日光灯管直接安置在宽缝中，远看也有放射状的光带。

设 计 公 司：水相设计

1.天花板造型可以改变灯光落下的明暗渐层
2.灯管安排在格栅缝中，提供足够的照度，也兼具造型
　功能

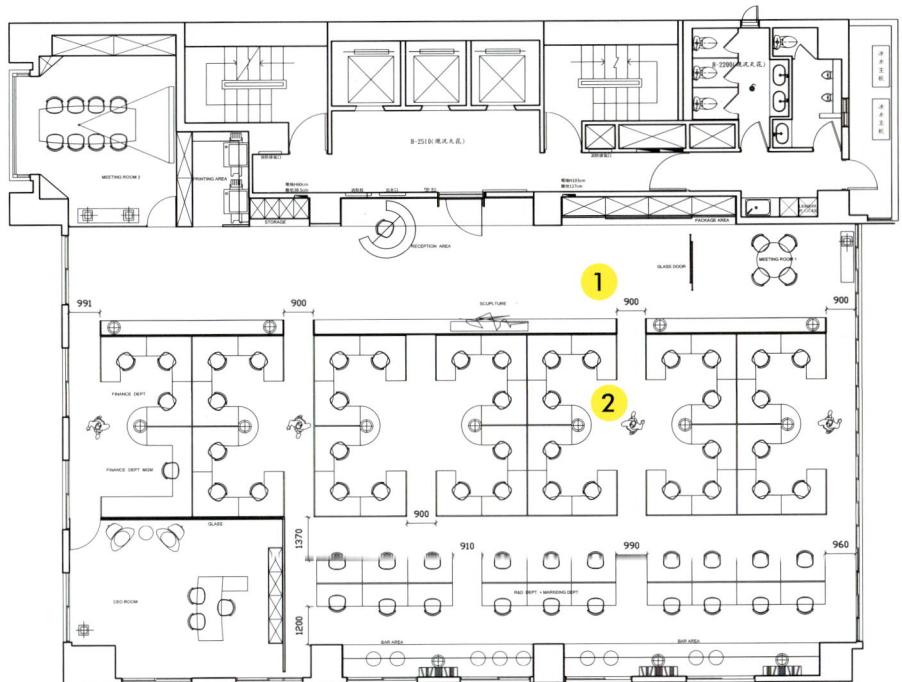

CH3

案例设计

运用材料、色彩、灯光照明等规划，

决定氛围的变化呈现，以及视觉感官的舒适度，

是设计师在处理室内"第二动线"时需要思考的先决要件。

本章包括 91 个天花板设计案例，

由设计师亲自告诉你，

让设计看起来和谐的关键为何。

〈图片提供：格纶设计〉

【林祺锦建筑师事务所CCL Architects & Planners】
Designer:林祺锦

CCL Architects & Planners

圆形天花板呼应空间需求，
舒缓紧张的工作气氛

本案例位于内湖科技园区十楼，是负责国际网络业务的办公区域。业主希望为员工打造一个放松的交际场所，设计者便以"圆"作为天花板与地面呼应的空间元素。以湛蓝湖泊上的木船为主角，隐喻企业与世界连结；串联一旁的翠绿草地、树木造型的圆桌，最后将视线引向明亮窗景。地面大小不等的圆形区块，皆对应比例相称的圆形天花板；同时运用休闲木色围成可随意坐卧的童趣角落，为空间融入自然意象，以圆润线条与缤纷色彩营造柔和的视觉效果。

休息区纵剖面图

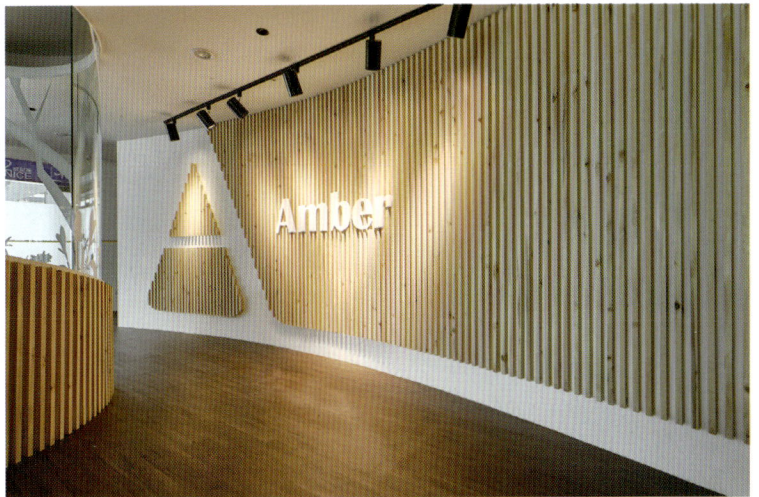

天花板与地面以"圆"相互
呼应，呈现出童趣

CCL Architects & Planners

天花板造型如波浪起伏，
无形中引导室内外动线

　　校方计划将图书馆的一隅改建为创造力教育学习中心。设计者先利用流动的天花板造型克服空间自明性不足的缺陷，从电梯出口处开始，运用层板造型提升天花板高度，一路向前曼延，并包覆柱体，如波浪起伏的天花板层层推进，将动线转进室内。实际执行时，先以每五片夹板定出间距基准，以断面放样规范基本尺寸，再由木工现场调整渐变层次，保留施工弹性。由于需保留原有的天花板，施工时先以螺丝钢棒向上固定，并以横向的金属管穿过夹板，再逐一吊起。纯净的流动天花板线条呼应了开拓创造力的教育愿景，波浪造型的天花板一气呵成串联室内外，在有限的预算与空间条件下，为既有空间营制造清新意境。

【林祺锦建筑师事务所CCL Architects & Planners】
Designer:林祺锦

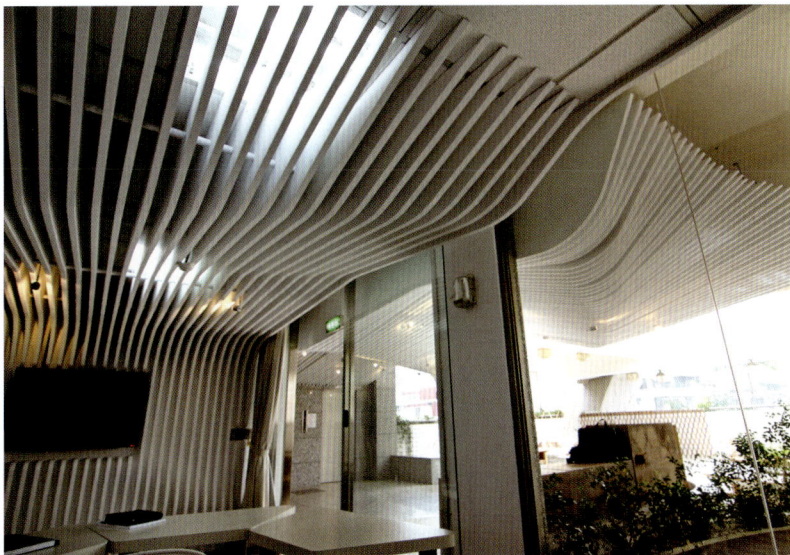

先提升后下降的天花板将动线流畅转进室内

层板的起伏韵律串联半户外与室内空间

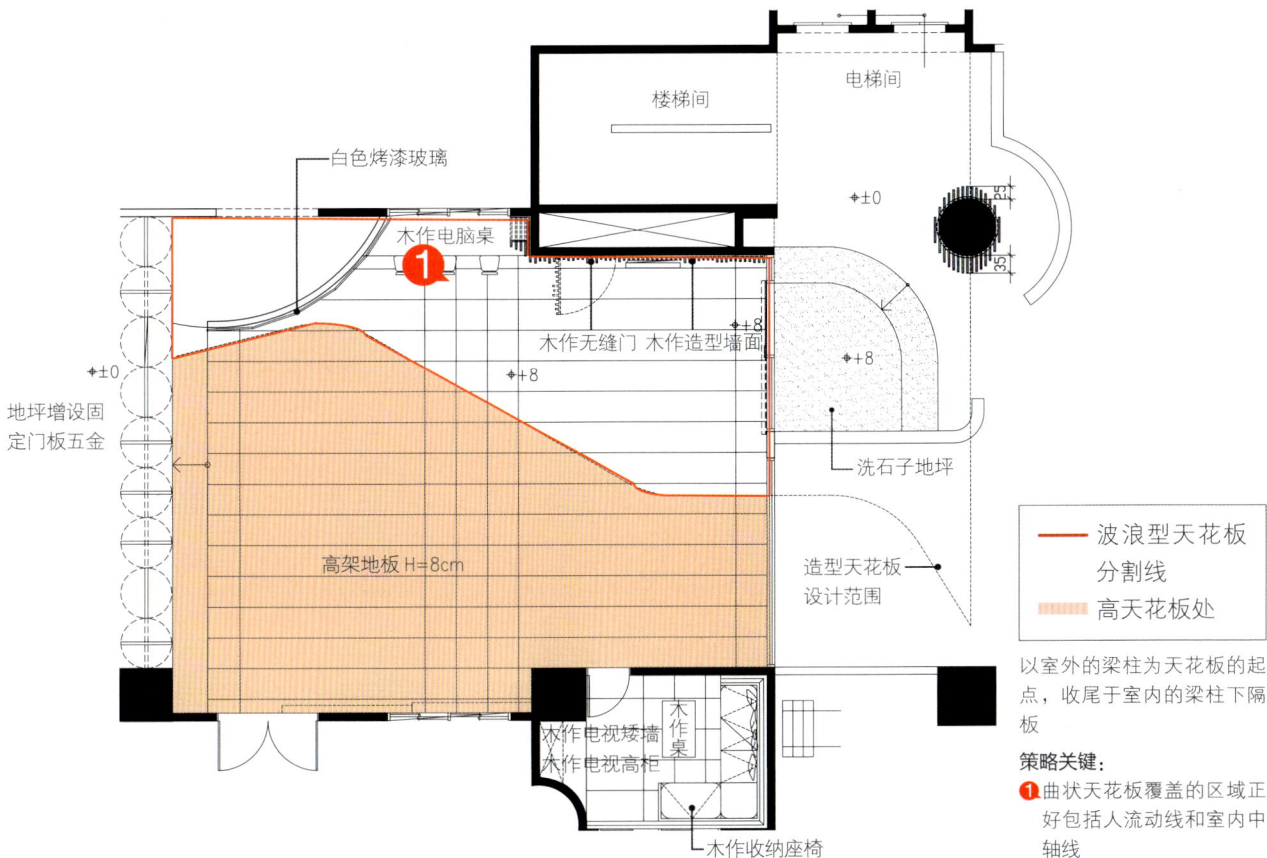

楼梯间

电梯间

±0

白色烤漆玻璃

木作电脑桌

1

木作无缝门　木作造型墙面

◆+8

◆+8

◆+8

±0

地坪增设固定门板五金

高架地板 H=8cm

洗石子地坪

造型天花板设计范围

木作电视矮墙
木作电视高柜

木作桌

木作收纳座椅

—— 波浪型天花板
　　分割线

高天花板处

以室外的梁柱为天花板的起点，收尾于室内的梁柱下隔板

策略关键：

1 曲状天花板覆盖的区域正好包括人流动线和室内中轴线

【林祺锦建筑师事务所CCL Architects & Planners】
Designer:林祺锦

CCL Architects & Planners

银狐大理石拼接，
呈现空间沉稳气度

　　本案例以"材质"划分大宅的空间量体。客餐厅中间的两侧墙面皆选用洞石，并从一楼延伸至二楼的相同位置；以洞石块体发挥空间锚定的作用，营造稳定的空间感知。与洞石墙垂直的客厅电视墙，同样让石材转上天花板，而不只停留于墙面，成为空间中突出的视觉焦点，呼应整体的空间定位。一般天花板造型很少以石材呈现，而设计者将天花板挖出方正开口，让石材沿壁面转折向上，搭配间接照明光带，呈现大气风范。纹路飘逸的银狐大理石在电视上方拼接出惟妙惟肖的祥狮吐水图案，意外地成为献给业主的祝福。天花板石材并非以薄板技术黏贴，而是先以螺丝固定结构再以特殊胶黏贴，才能呈现坚实质地并兼顾使用者安全。

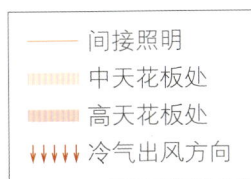

将整根梁柱做石材特色，向上挑高成为客厅的视觉重心

策略关键：

❶ 客厅沙发区上方的天花板特别挑高用作冷气出风口

天花板内挖开口、黏贴石材，让写意石纹一路攀附向上。流畅生动的石纹是开放空间的大气景致

CCL Architects & Planners

木、石、金属材质互搭，流畅和谐的奏鸣

餐厨区如画框堆叠，线条由壁面延伸至天花板，以木、石、金属的和谐奏鸣，呈现丰富的空间画面。卧室入口是以房门宽度沿天花板绕出框架，线条对应餐桌，造型灯饰恰好落在餐桌上方。用餐区的墙面以洞石与木皮形成交错韵律，烹调区则使用黑色石材，两个区域之间以一道不锈钢区隔，界定出两个空间的中心点，分隔前后不同功能的使用区块并作收边。最后，空调出风口再依比例融入层层排列的天花板线条中。本案例中的天花板看似没有刻意造型，却是设计者运用巧思，利用材质与线条区分开放空间的结果，最终营造出优雅而不失悠闲的氛围。

木皮天花板分隔客、餐厅，定位餐桌并聚焦灯饰的位置

用餐区与烹调区以不锈钢区隔并收边，空调也融入其中共谱韵律

[林祺锦建筑师事务所CCL Architects & Planners]
Designer:林祺锦

文化石墙面+斜面屋顶，
打造原生北欧居家风

　　房屋的男主人希望呈现黑白色调的现代感，而女主人希望带有温暖清新感，所以后来决定设计为北欧风。但由于楼高偏低，天花板的斜度控制就是造型的关键。设计师用温暖的北欧基调搭配文化石墙面，形成清新与粗犷的对比，同时满足男女主人的需求。以北欧风格呈现，以自然元素与灰白色系做基底，动线以XY轴为概念，让视野随着脚步逐渐敞开。引进自然光营造不同氛围，使整体空间更为明亮，特别是天花板结合北欧特色的斜屋顶，增添了视野多变性，实木材质也为室内增添了温馨的感受。

斜天花板与白色系大理石电视主墙搭配，撷取北欧国家的建筑特色，将斜屋顶元素加入天花板设计，让居家氛围更添神采

【澄穆空间设计CM Ineterior Design Studio】
Designer:丛翌权、林子哲

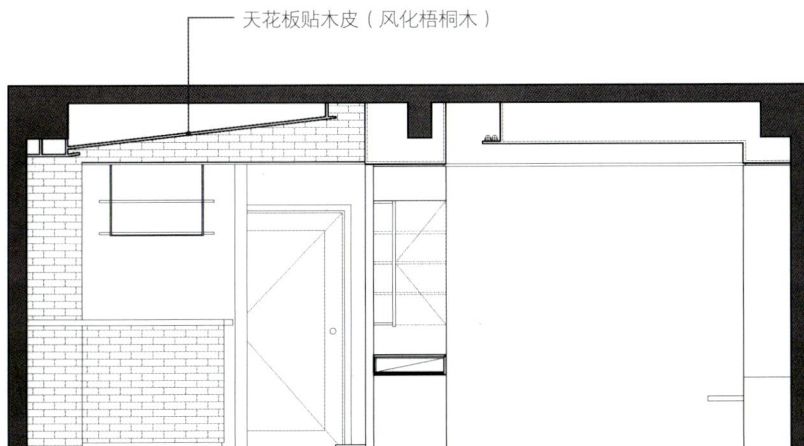

天花板贴木皮（风化梧桐木）

延伸天花板与壁面的格栅造型，
无形凝聚家人情感

　　业主非常重视家庭感情的培养。于是设计师将餐厅与客厅放置于整体空间的中央，利用玄关的灯沟牵引出动线，再配合天花板交错的格栅让线条延伸到各个角落，达到视觉放大的效果。而木格栅也转折向壁面延伸，除了塑造视觉效果的整体性，格栅的平行排列模式也为空间增添了层次感，还与客厅电视实木背墙串连起来，让客厅与餐厅有所分隔，既保有各自的使用机能，又形成双方交互融合的自然感受，住宅格局也因此愈显宽广。更重要的是，这样的设计让一家人忙完各自的事情后，打开房门便可以聚在一起，家的意义由此彰显。

【澄穆空间设计CM Interior Design Studio】
Designer:丛翌权、林子哲

天花板的交叉下面是主卧跟小孩房的隐藏门，餐厅成为凝聚情感的地方，天壁立面使用格栅设计，带来延伸交错的线条感，象征一家五口感情紧密相连

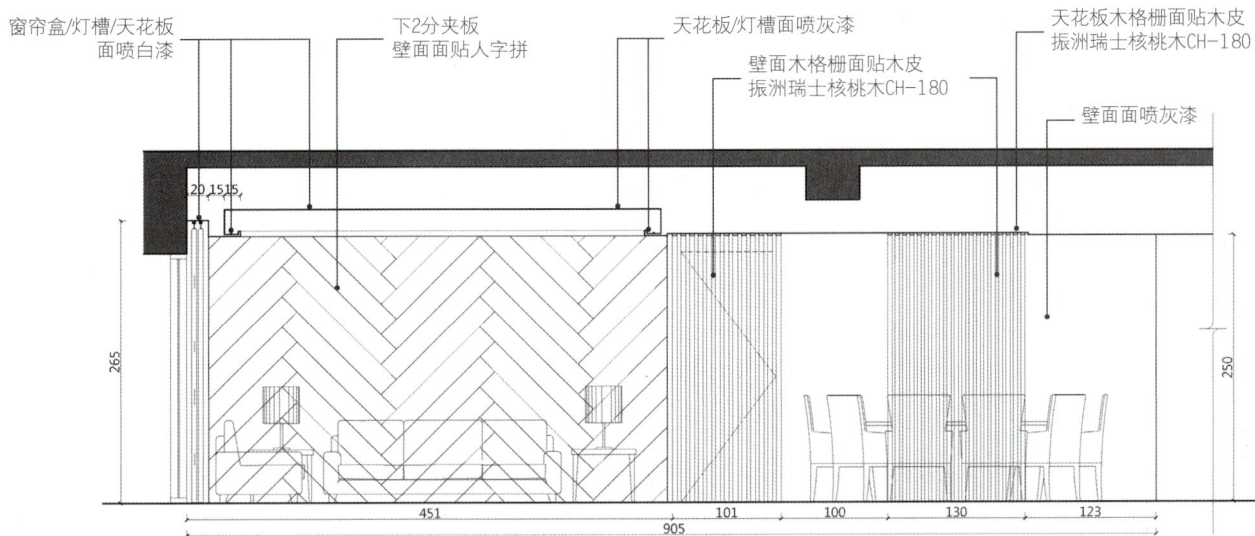

窗帘盒/灯槽/天花板
面喷白漆

下2分夹板
壁面面贴人字拼

天花板/灯槽面喷灰漆

壁面木格栅面贴木皮
振洲瑞士核桃木CH-180

天花板木格栅面贴木皮
振洲瑞士核桃木CH-180

壁面面喷灰漆

20 15 15

265

250

451 101 100 130 123

905

Guru Interior Design

细致内敛，
沉稳纯净风尚宅

　　本案例的业主热爱原木质地，家中拥有丰富藏书与风格逸品，并爱好书法创作。设计者以立体木纹的层次结构铺陈天花板，线条由玄关利落延伸，串联餐厨区、客厅与阅读区，通过天花板造型巧妙拉出一道日常生活动线，并利用玄关端景墙面进行收拢。同时，以"书页"为灵感，让重复的线性美学爬满天花板、地坪与壁面，延伸整体视觉感受，拉阔精致空间的尺度，巧妙呼应书本的扉页肌理。设计师以深色木纹创造高纯净度的视觉色彩，传递内敛的创作深度；随窗引自然光入室，照亮细致纹理与色泽，于平淡中烘托优雅格调。整体空间布满自然纹理的质材，调和放松、惬意的人文氛围。

【格纶设计工程Guru Interior Design】
Designer:虞国纶

天花板木纹由客厅延伸至日式用餐空间，是日常动线的优雅比喻

空调出风口呼应书墙尺度，维持整体的简约线条

高天花板处
低天花板处
线型出风口

以梁柱为中心点一分为二，确保客厅、餐厅与阅读区的空间分配

策略关键：

1. 主墙为洗墙式的间接照明
2. 仿格栅式天花板造型顺势区分入门的动线和座位区

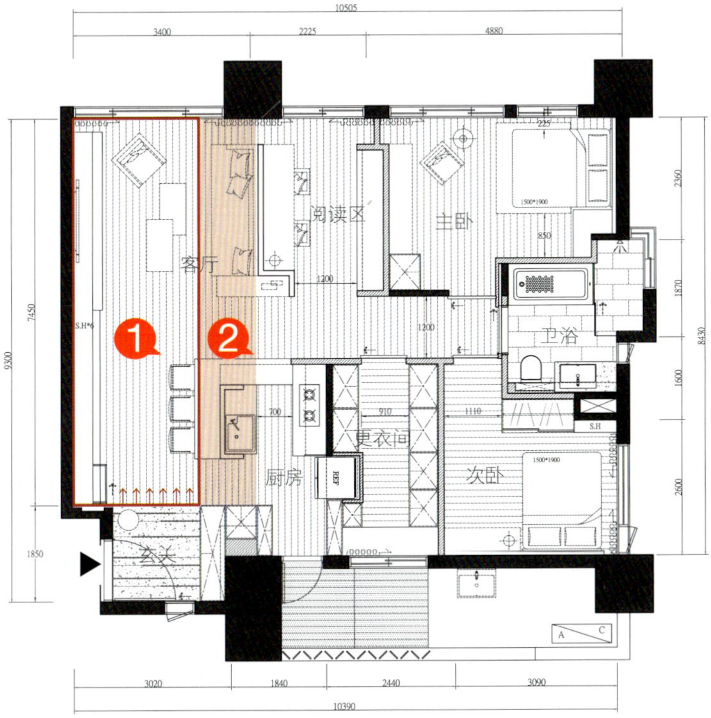

10505
3400
2225
4880
客厅
阅读区
主卧
卫浴
更衣间
厨房
次卧
玄关
9300
7450
1850
8430
3020
1840
2440
3090
10390

善用材质与线条，创造天花板的层次美学，开阔空间尺度

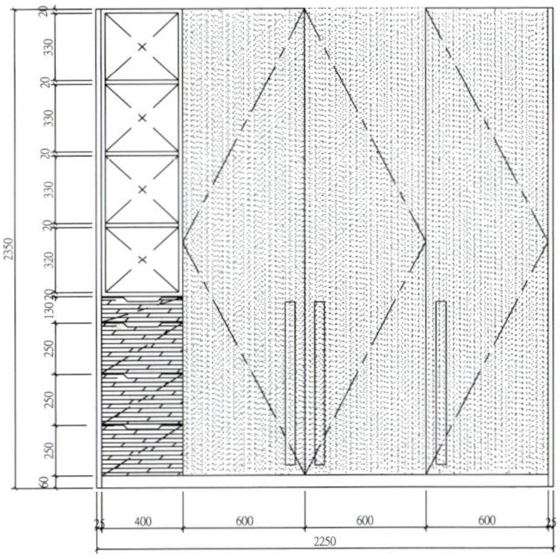

400
600
600
600
2250
2350

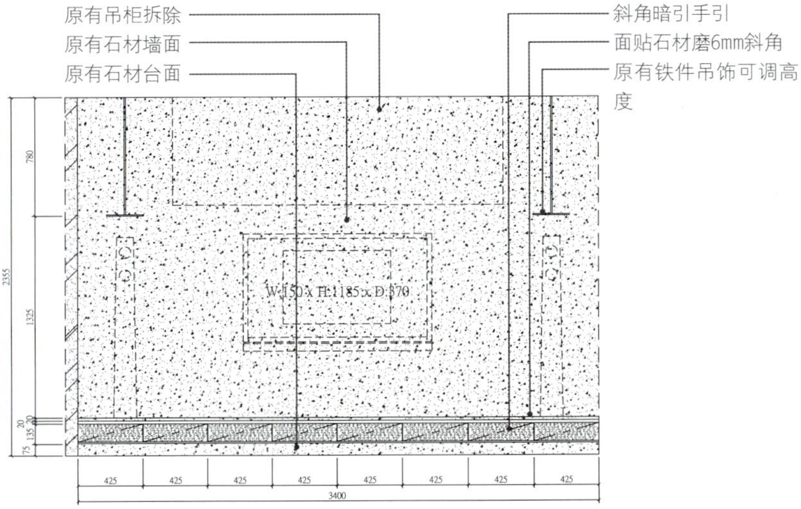

原有吊柜拆除
原有石材墙面
原有石材台面
斜角暗引手引
面贴石材磨6mm斜角
原有铁件吊饰可调高度
W:150 x H:1185 x D:570
780
1325
2355
425
3400

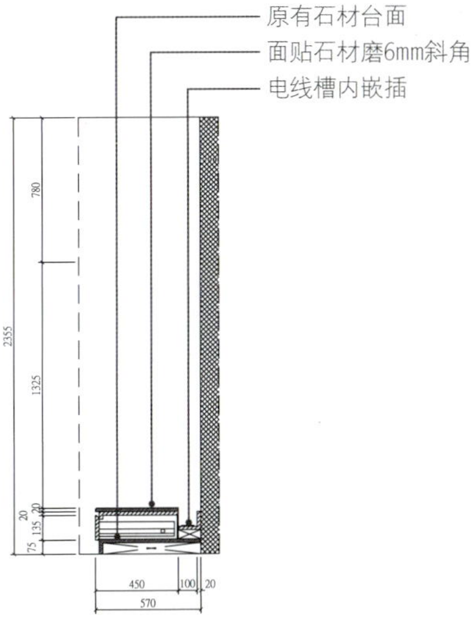

原有石材台面
面贴石材磨6mm斜角
电线槽内嵌插
780
1325
2355
450
100
20
570

Guru Interior Design

翼状天花板延伸再分界，
型随机能

　　本案例以垂直纵向的线条律动作为空间基底，衬托 30 度的切面语汇，以蕴含主题的美学巧思，向刚成家且事业稳定发展的业主献上祝福。吧台区面向落地窗，以面积不等的三角板块打造一气呵成的翼状造型，自天花板向墙面转折延伸，其间穿插木作、薄石板、铁件等材质变化，在背景光的衬托下，释放蓄势起飞的能量，并让开放空间的不同单元彼此交叠、延伸、再分界。两窗之间由翼状天花板往下纵向发展的 30 度斜角装饰墙，以铁件包镶薄片石皮制成，除了作为窗景黏着物，也兼具窗帘盒的功能。

[格纶设计工程Guru Interior Design]

Designer:虞国纶

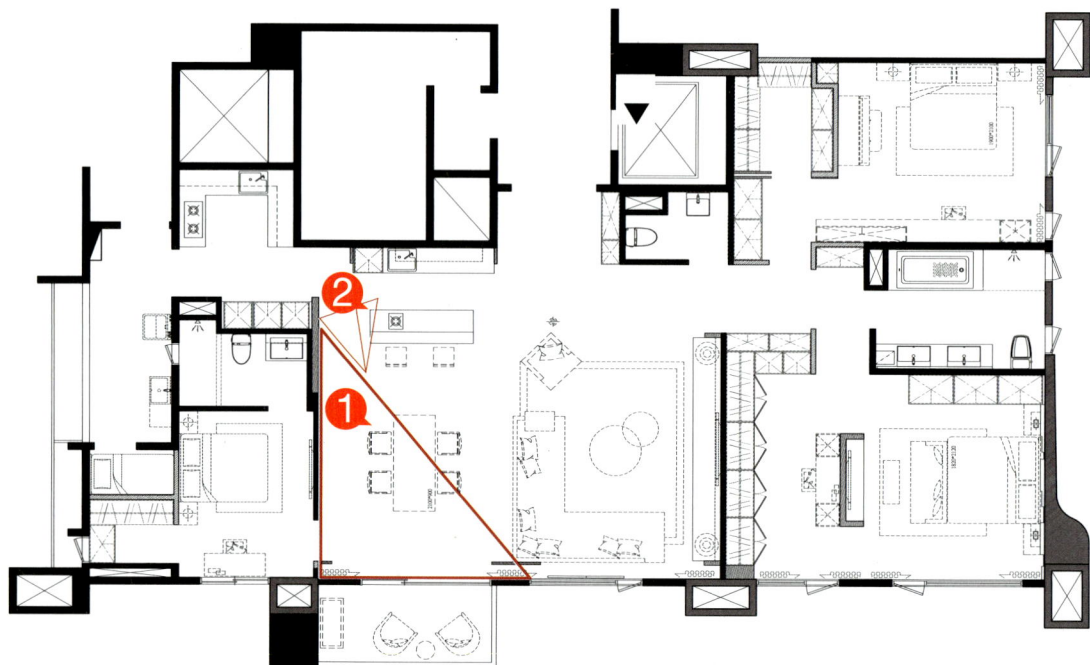

天花板与假墙做出完美隔间，修饰了畸零空间，也有了横向水平对应

───	翼状天花板
━━━	翼状天花板

策略关键：
❶ 以落地窗框的距离和造型天花板区分客厅与吧台的分界点
❷ 三角板块延伸中岛与吧台+安装空调出风口

玄关处的屏风造型呼应天花板设计，隐喻稳健发展的人生蓝图

翼状天花板与斜角装饰墙都生动演绎了30度的切面语汇

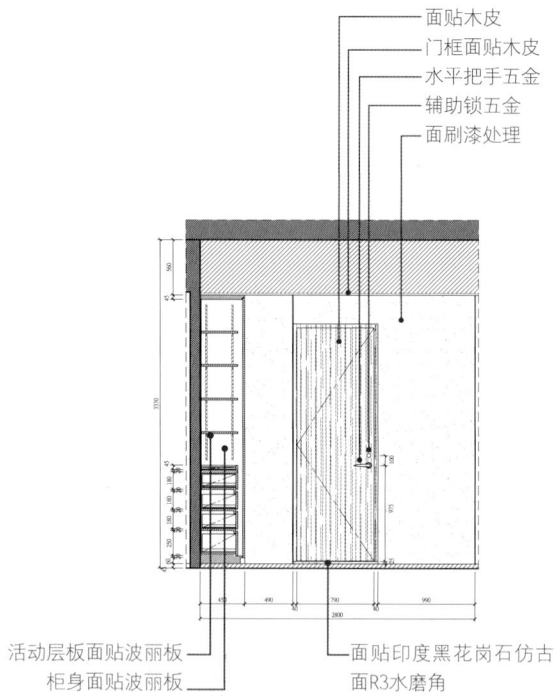

面贴木皮
门框面贴木皮
水平把手五金
辅助锁五金
面刷漆处理

活动层板面贴波丽板
柜身面贴波丽板

面贴印度黑花岗石仿古
面R3水磨角

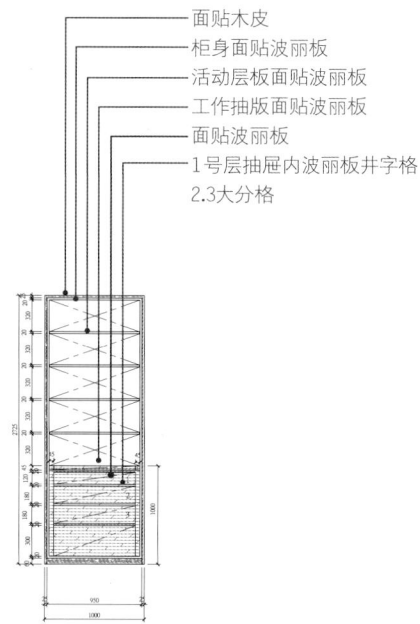

面贴木皮
柜身面贴波丽板
活动层板面贴波丽板
工作抽版面贴波丽板
面贴波丽板
1号层抽屉内波丽板井字格
2.3大分格

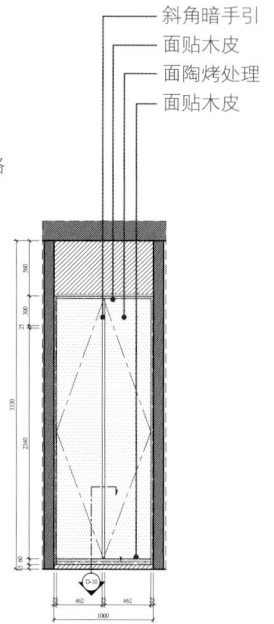

斜角暗手引
面贴木皮
面陶烤处理
面贴木皮

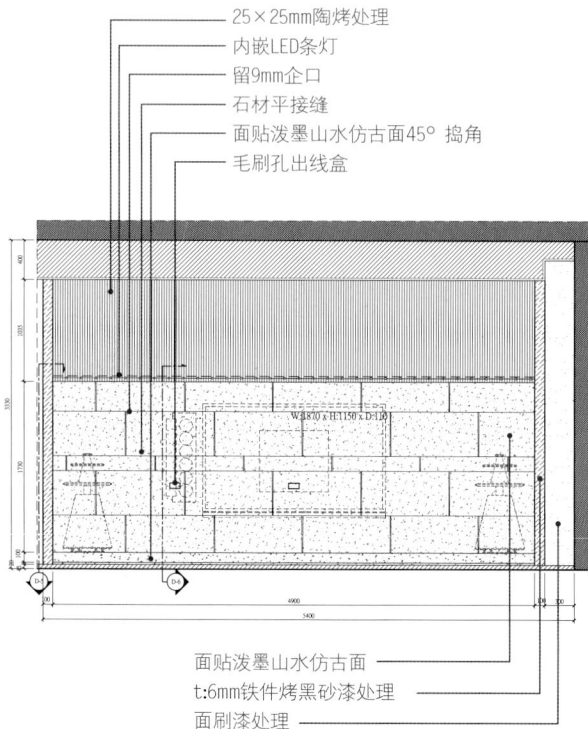

25×25mm陶烤处理
内嵌LED条灯
留9mm企口
石材平接缝
面贴泼墨山水仿古面45°捣角
毛刷孔出线盒

面贴泼墨山水仿古面
t:6mm铁件烤黑砂漆处理
面刷漆处理

电视墙

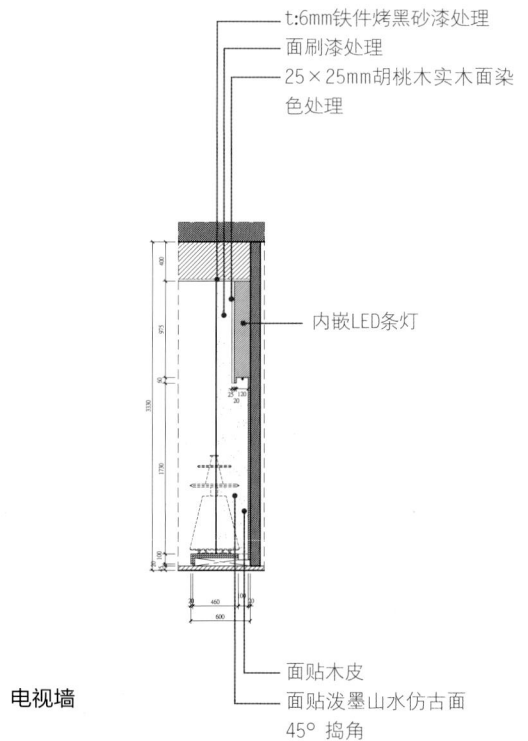

t:6mm铁件烤黑砂漆处理
面刷漆处理
25×25mm胡桃木实木面染
色处理

内嵌LED条灯

面贴木皮
面贴泼墨山水仿古面
45°捣角

五金单锁
斜角暗手引
内装天地栓五金
面贴木皮
门框面贴木皮
面刷处理

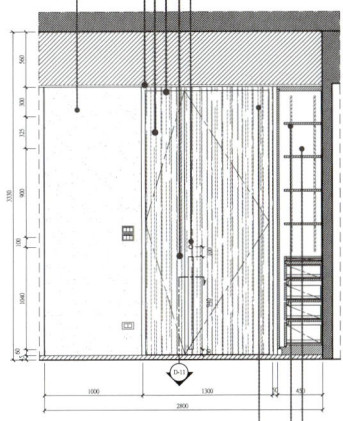

内嵌进口重型静音滑轮
壁灯另购
面刷漆处理
内嵌LED条灯
面贴木皮
留3mm企口

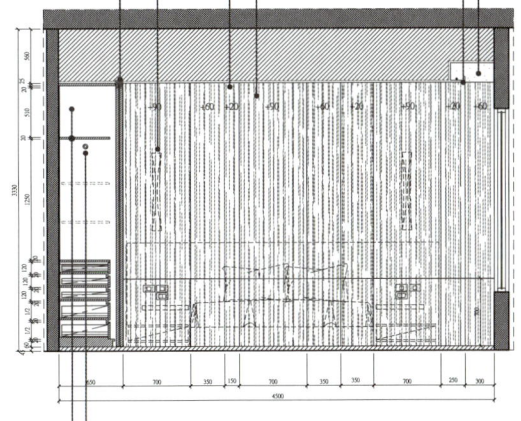

内装自动回归铰链五金
活动层板面贴波丽板
柜身面贴波丽板

O型不锈钢吊衣杆
柜身面贴波丽板

餐桌上方形似飞行器的设计灯饰巧妙地为情境加分

【格纶设计工程Guru Interior Design】
Designer:虞国纶

Guru Interior Design

温润的木天花板整合生活区域，
真正的和光沐景

　　本案例位于拥有四季美景的阳明山，设计者特意消融实体墙线，静观媒材潜藏的特性，架构出与自然山林相映成趣的静谧风格。打破制式界限，以温暖舒适的氛围连结人与环境，促成有机价值的生活体现。质感温润、线条利落的木天花板整合生活区域，并与不同材质的墙面连结，让整体空间融为一体。环山绿景引动和煦日光，在线面媒材脉络的转折间渗透、释放生活能量。木天花板以色块分割与拼贴细节，隐藏灯具、冷气出风口，并与立面柱体产生对话，延续消弭界线，实现静观原始本质、引用动态介质的初衷。

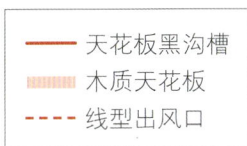

从极具人文美学的木天花板，转折至沉稳大气的黄金板岩、视觉意象温暖的壁炉，乃至可随处坐卧、凝聚自然的阅读空间，皆呼应本案向往构筑的山居生活

—— 天花板黑沟槽

▨▨▨ 木质天花板

---- 线型出风口

策略关键：
❶封顶式天花板+错落式照明

温润的木材质由天花板延伸至壁面、屏风，和谐共谱空间主题

从极具人文美学的木天花板，转折至沉稳大气的黄金板岩、视觉意象温暖的壁炉，乃至可随处坐卧、凝聚自然的阅读空间，皆呼应本案向往构筑的山居生活

木与石的优雅对话，构成线性媒材的虚实转折

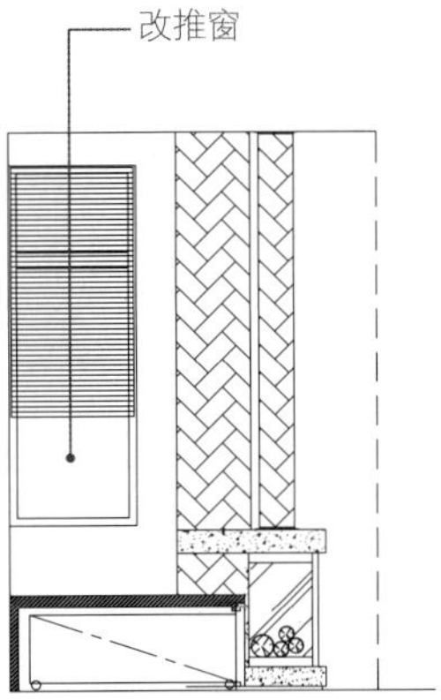

改推窗

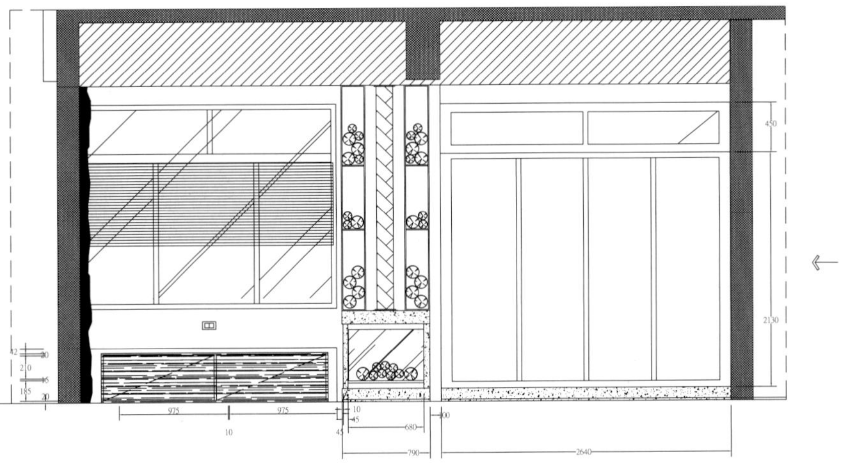

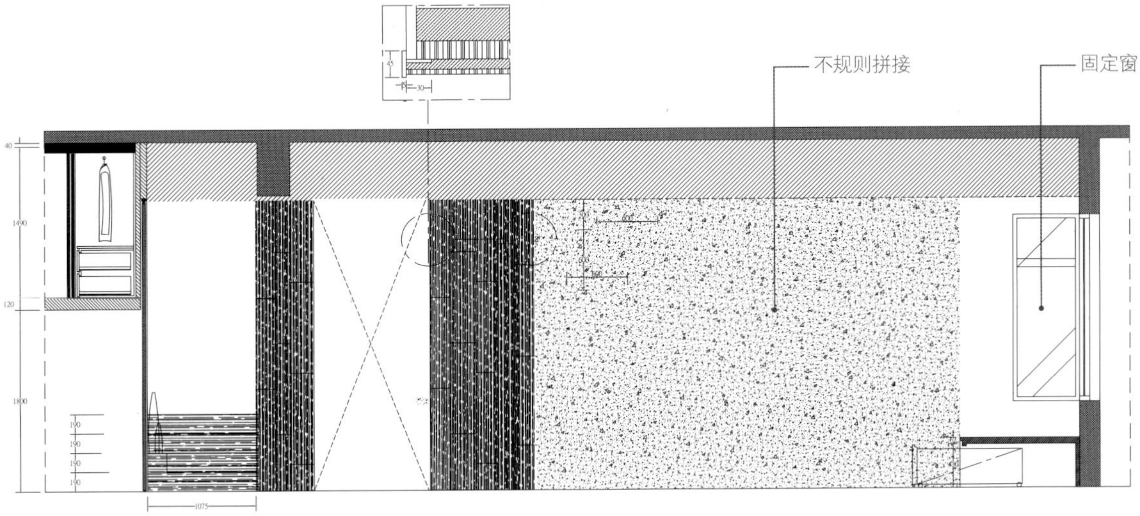

不规则拼接

固定窗

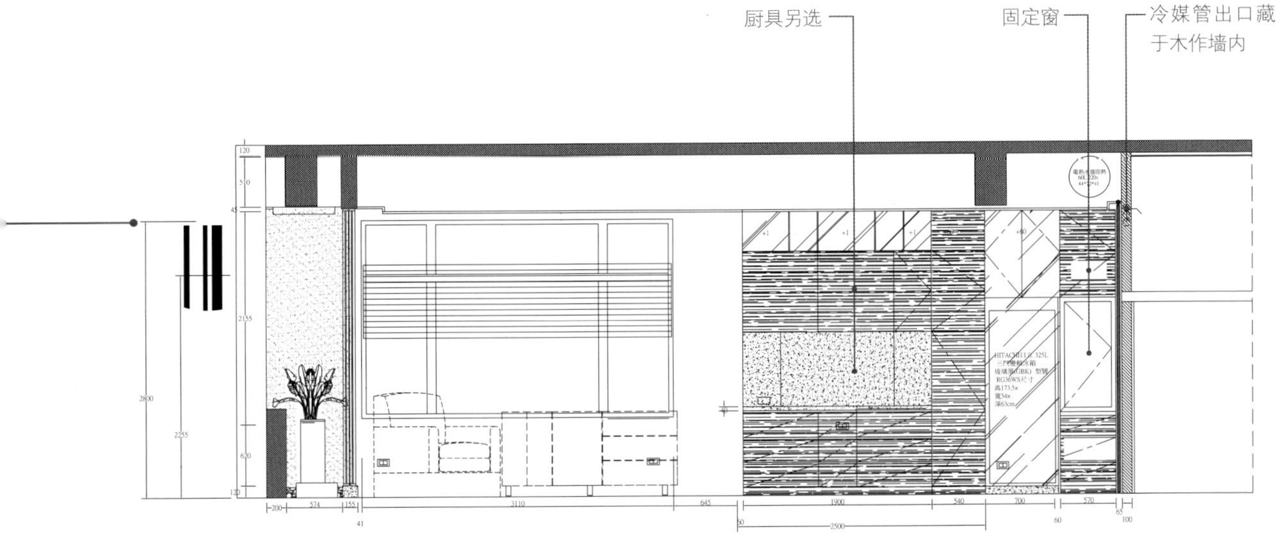

厨具另选

固定窗

冷媒管出口藏
于木作墙内

植生墙上方天花板，
注入都会宅一丝生机绿意

　　对身处水泥丛林的都市人而言，"绿"是求之不得的奢侈。在本案例中，设计者在两窗之间的结构柱位置，导入住宅室内少见的植生墙，结合滴灌系统与照明带动室内全时段的活氧光合作用。同时，在两列纵向的植生墙上方的天花板依等宽设置两座伪横梁的水平向镜盒，借镜面倒影创造全视角的室内花园意象。以别出心裁的绿意，营造舒压、自在的宜居环境。本案选用石、木等自然素材让视觉归零，刻意减少天花板、墙面、窗框的装饰性，以连续开窗引进充沛的自然光，突显亲近天地的环境特质，流露出日常中耐人寻味的感动。

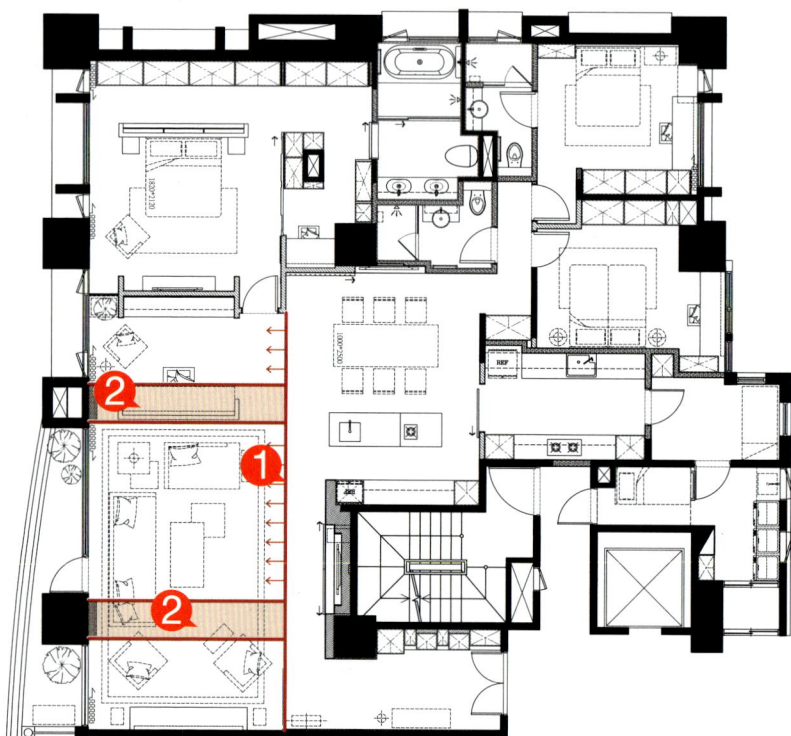

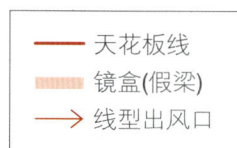

——	天花板线
▨	镜盒(假梁)
→	线型出风口

顺着外墙的柱面延伸到天花板，通过镜盒的垂直反射效果，视觉上拉抬屋高

策略关键：
❶ 在降低的天花板终止线内安装冷气
❷ 对称式假梁＋镜面反射

【格纶设计工程Guru Interior Design】
Designer:虞国纶

植生墙的蓊郁绿意通过天花板与壁面的镜像反射形成一处丰饶花园

内嵌进口重型静音滑轮
面贴银狐皮革处理
内嵌LED条灯
面贴木皮
线槽面贴木皮

20×40面木皮
30×60mm铁件扁管面黑砂漆烤

留6mm鸟嘴
内嵌进口重型静音滑轮

面贴银狐皮革处理
毛刷孔出现盒
t:1.2镀钛黑铜板毛斯面处理
留6mm企口

W:1190 x H:900 x D:107
内嵌LED条灯

留6mm企口
面贴银狐皮革处理

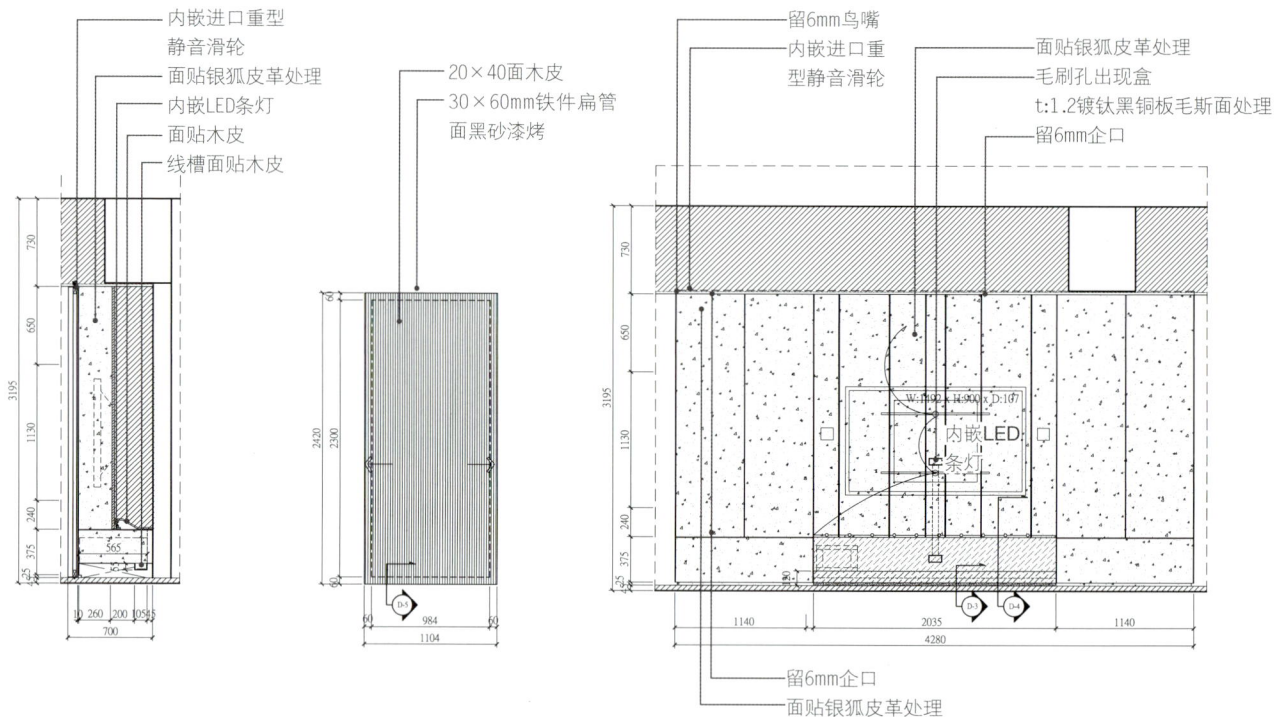

低彩度的生活空间让"绿"成为最吸睛的亮点

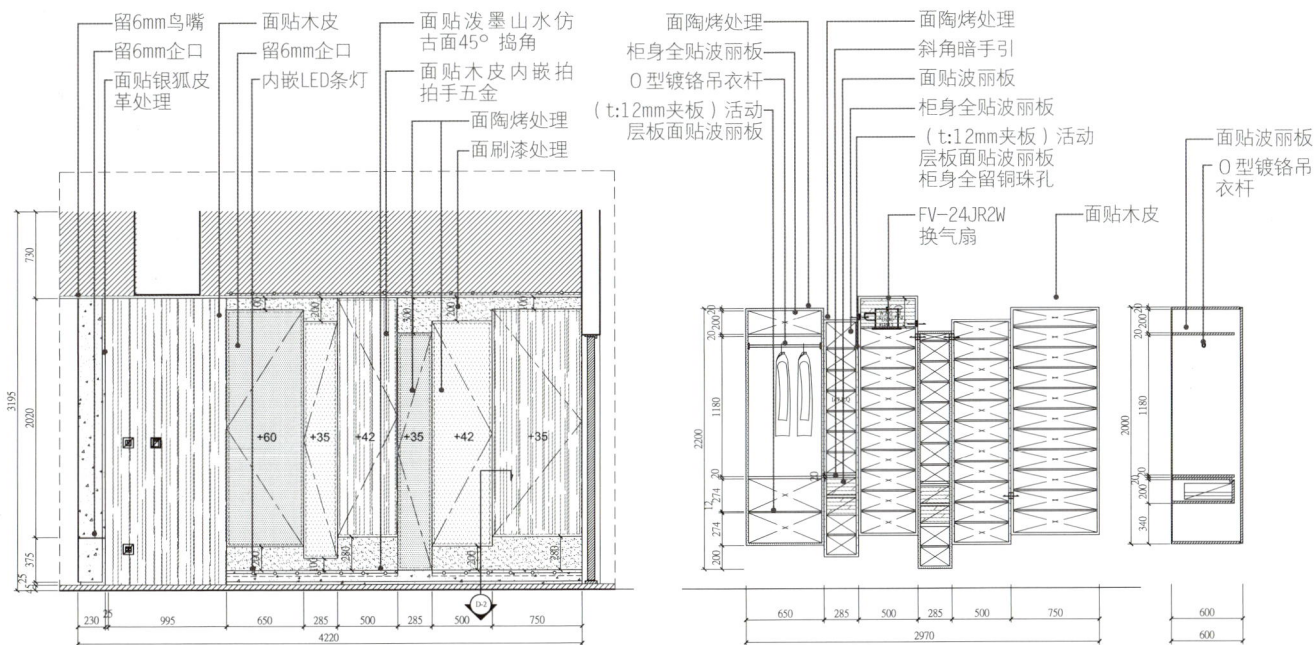

留6mm鸟嘴
留6mm企口
面贴银狐皮革处理
面贴木皮
留6mm企口
内嵌LED条灯
面贴泼墨山水仿古面45°捣角
面贴木皮内嵌拍拍手五金
面陶烤处理
面刷漆处理

面陶烤处理
柜身全贴波丽板
O型镀铬吊衣杆
（t:12mm夹板）活动层板面贴波丽板

面陶烤处理
斜角暗手引
面贴波丽板
柜身全贴波丽板
（t:12mm夹板）活动层板面贴波丽板
柜身全留铜珠孔
FV-24JR2W换气扇
面贴木皮

面贴波丽板
O型镀铬吊衣杆

+60 +35 +42 +35 +42 +35

3195
2020
730
375
25

230 995 650 285 500 285 500 750
4220

D-2

2200
1180
274
274
200

650 285 500 285 500 750
2970

2000
1180
340

600
600

舒适日光洒落在室内绿景，打造明亮简约的理想生活

Guru Interior Design

水纹肌理天花板曲度，
表现大自然共生意象

　　傍水高层，坐拥天光是本案优势。由于是双拼大宅，设计者以玄关区分公私领域，因此进入玄关后，先以造型天花板引导来人们向左方的公共领域移动。模仿水纹肌理的天花板流线如水波层层推引，并搭配造型灯带，串联餐厨区域。开放空间的天花板采用同样高度，仅以简约造型划分客厅与餐厨区，并以电视墙呼应空间分野。设计者以自然语汇赋予空间流动的意象，在自然光线的辉映下，将室内绿景与远处青山相连，追求融合、平衡的动态秩序，并运用纯净内敛的质朴材质，由内而外打造自在舒适的无压居家。

【格纶设计工程Guru Interior Design】
Designer: 虞国纶

水纹肌理的天花板设计、生机盎然的室内花房，皆以自然元素回应场所精神

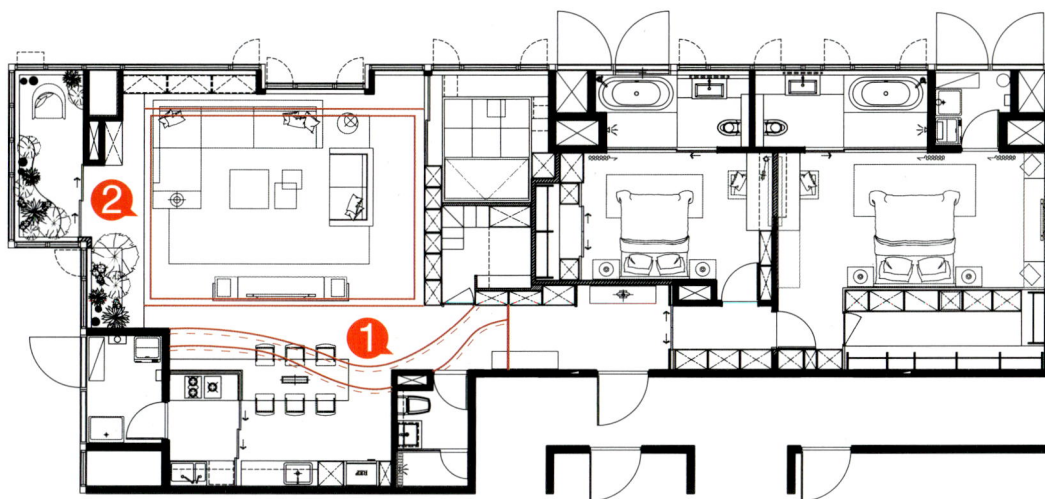

餐厅区并非水平对称的格局，因此打造曲状天花板造型，并在厕所隔间收尾

―― 天花板造型示意

---- 间接照明示意

策略关键：

❶ 脱开式技巧，内有安置直射嵌灯

❷ 平顶式手法处理位置不理想的梁+安排空调管线

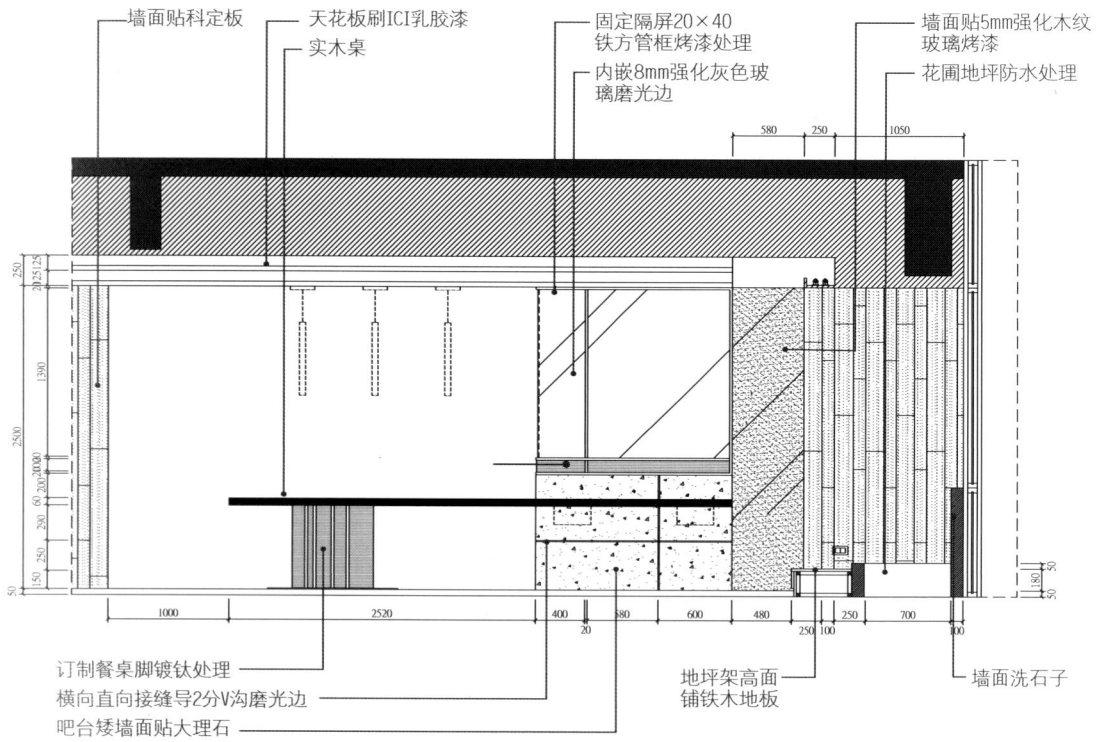

墙面贴科定板
天花板刷ICI乳胶漆
实木桌
固定隔屏20×40
铁方管框框烤漆处理
内嵌8mm强化灰色玻璃磨光边
墙面贴5mm强化木纹玻璃烤漆
花圃地坪防水处理

订制餐桌脚镀钛处理
横向直向接缝导2分V沟磨光边
吧台矮墙面贴大理石
地坪架高面铺铁木地板
墙面洗石子

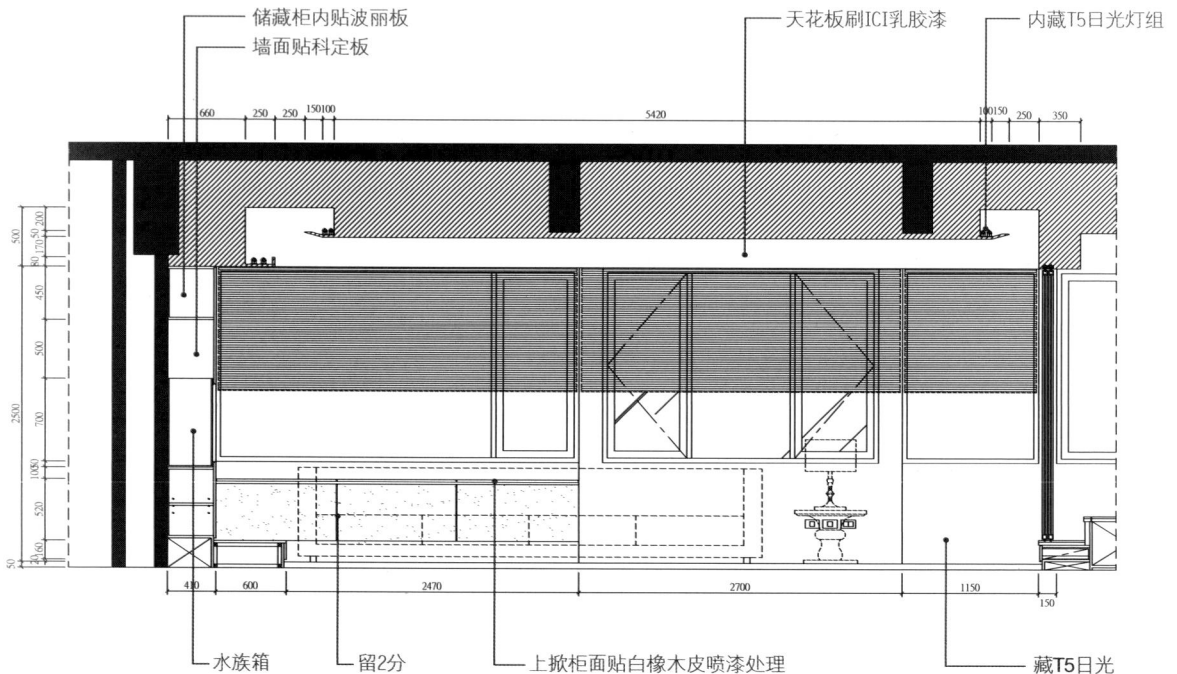

储藏柜内贴波丽板
墙面贴科定板
天花板刷ICI乳胶漆
内藏T5日光灯组

水族箱
留2分
上掀柜面贴白橡木皮喷漆处理
藏T5日光

流畅的天花板线条取自蜿蜒的河岸意象，感性
串联空间动线

以造型天花板暗示公共空间的动线，巧妙隔绝私人领域

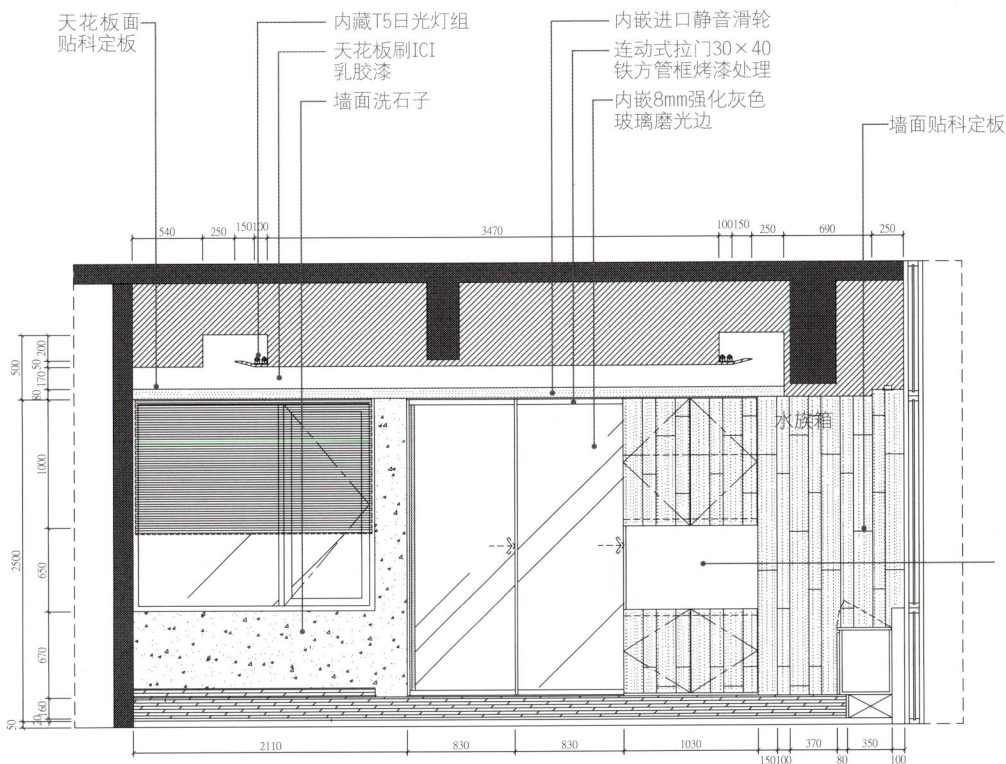

天花板面
贴科定板

内藏T5日光灯组

天花板刷ICI
乳胶漆

墙面洗石子

内嵌进口静音滑轮

连动式拉门30×40
铁方管框烤漆处理

内嵌8mm强化灰色
玻璃磨光边

墙面贴科定板

540   250 150 100   3470   100 150   250   690   250

500 80 70 50 200

1000

2500

650

670

50 24 60

水族箱

2110   830   830   1030   370 350
150 100   80   100

Guru Interior Design

环型灯饰组成的
交错圆形共伴效应

　　"共伴效应"的设计概念取自厨艺修练的推、翻、拨、铲、收等动作，皆需连续8次，首先衍生出空间位置中两圆相衔的8字型用餐区域。接着将8字型律动延伸至天花板的悬浮线性造型，以铁件特制大轴距的环型灯饰构成重复交错的圆形；以不同波段律动，交织光影流动的空间线性，呼应餐台主体与左右墙面的弧形光带。分别运用圆、弧、垂直水平轴线，融合石、木、铁件的材质特性，完美的演绎人与空间合而为一的动态意境，并以灯光设计展现动静之间的用餐氛围，通过光影明暗与三度空间的层次阐述欢愉的用餐时光。

【格纶设计工程Guru Interior Design】
Designer: 虞国纶

天花板悬浮线性造型呼应空间中光影流动的8字型律动

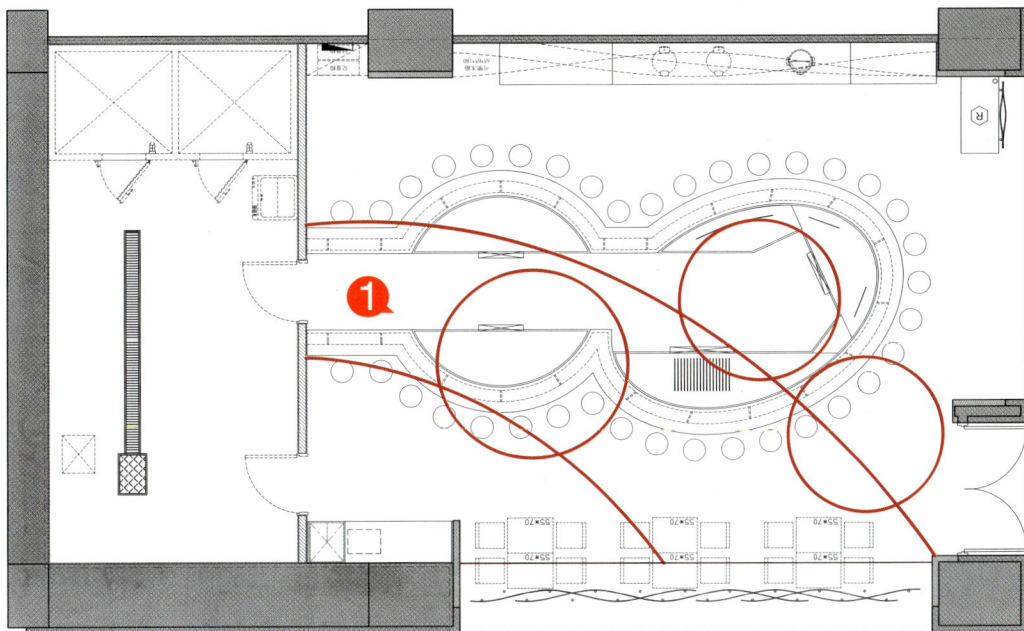

| —— | 天花板环状灯饰 |

以订制灯具为表现重点，天花板顶部全部涂上深色漆，为了安排消防排烟设备与空调，制作一长方体从中间穿过

策略关键：
❶消防排烟+送风+空调机体与管线+音响出口

虚实流动的视觉感受来自于富有层次的光影变化

环状灯饰、弧形墙面与8字型餐台共同演绎层次律动的空间意象

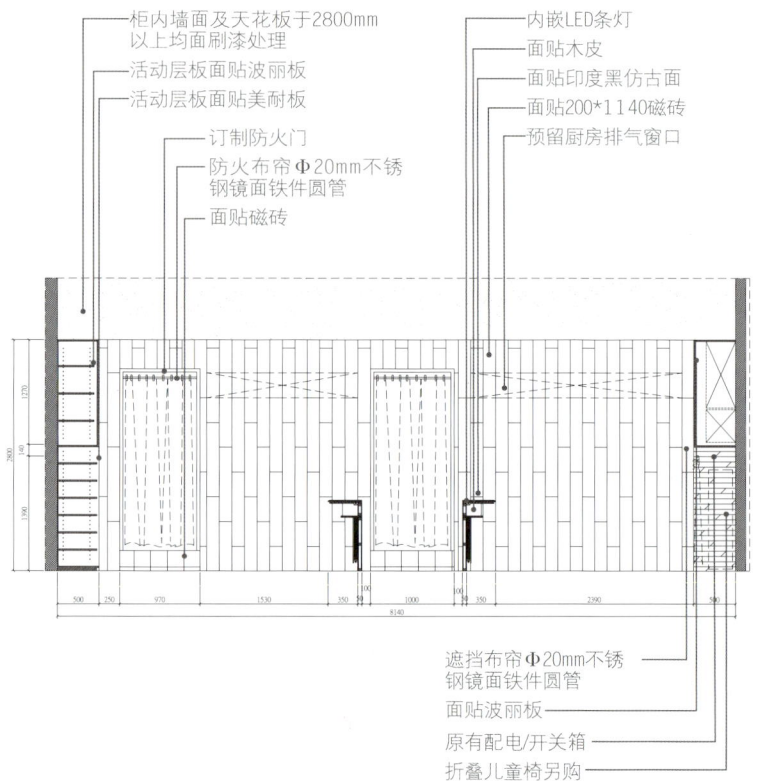

柜内墙面及天花板于2800mm
以上均面刷漆处理

活动层板面贴波丽板

活动层板面贴美耐板

订制防火门

防火布帘Φ20mm不锈
钢镜面铁件圆管

面贴磁砖

内嵌LED条灯

面贴木皮

面贴印度黑仿古面

面贴200*1140磁砖

预留厨房排气窗口

遮挡布帘Φ20mm不锈
钢镜面铁件圆管

面贴波丽板

原有配电/开关箱

折叠儿童椅另购

留3mm企口
面贴木皮
Φ1.2英寸哑管
可弯板面贴木皮
铁卷门机盒面风硅酸钙板面刷漆处理
面刷漆处理
柜内墙面及天花板2800mm以上均面刷漆处理
面贴木皮
面贴美耐板
柜身活动层板面贴波丽板
面贴美耐板
遮挡布帘＋Φ20mm不锈钢面贴圆管
活动层板面贴美耐板

原有配电/开关箱
面贴美耐板
遮挡布帘Φ20mm不锈钢镜面铁件圆管
面贴美耐板
柜内墙面及天花板于2800mm以上均面刷漆处理
台面面贴木皮
面贴t:1.2mm镀锌铁板
面贴木皮
活动层板面贴木皮
面贴t:1.2mm镀锌铁板
留3mm企口
台面面贴木板
活动层板面贴波丽板
内嵌LED条灯
面贴木皮
面贴木皮
留3mm企口

留25mm企口面贴美耐板
留3mm企口
大理石台面
面贴木皮
留3mm企口
内藏LED条灯

dotze innovations studio × iTemdesign

特殊切割线状改善长型空间，
营造立体与通透

　　本案是老公寓的空间整新。设计者先在平面中央拉出一道人造石斜墙，分隔公私领域，并将北面窗景引进室内，即使在屋内深处也能感受位于十一楼的开阔景致与通透采光。客厅的天花板造型也顺应空间格局的变动，拉出微倾斜的切割面，由工作区向电视墙缓缓上扬，让天花板形成完整的纯净块体。接着一路向内延伸，经过用餐区、转进厨房，以连贯的天花板延续开放的空间尺度；沿着斜墙与餐厨区的两侧，天花板各退出一段沟槽，形成柔和光带，运用切割线条雕塑室内光线的立体感。通过虚实的巧妙对应，极简空间展现自由的穿透性，任灵动光影演绎"白"的丰富表情。

[魏子钧建筑师事务所dotze innovations studio X汤友正iTemdesign]
Designer:魏子钧、汤友正

两侧沟槽勾勒出光带，以光线雕塑净白空间
的立体感

开放空间的天花板拉出一道斜面，呼应平面中央的斜墙

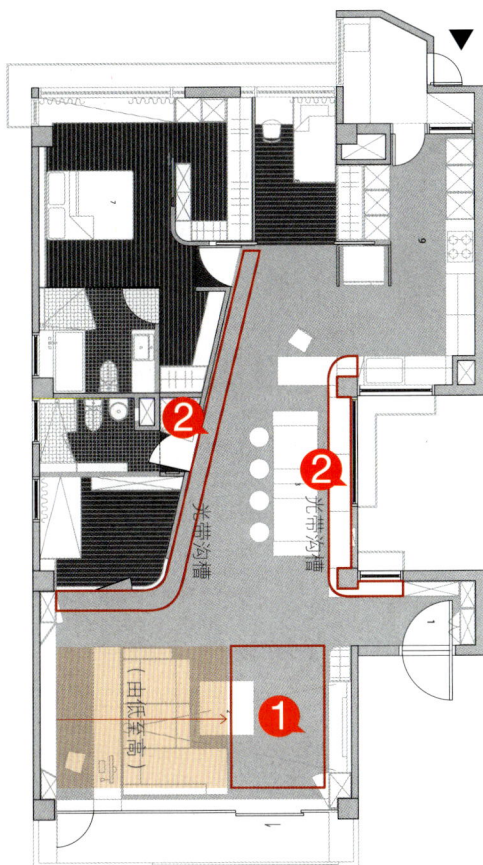

天花板造型

天花板斜度

长形又非方正的空间，以
斜墙和天花板带出一个稳
定的室内中轴线基准，供
餐厅使用

策略关键：

❶ 客厅的天花板采用不对
称拉高做法，并利用落
差阴影增加白色层次

❷ 天花板的沟槽整合光电
与空调，强调动线

长短不一木格栅，
软化空间方正格局

　　沙发后方的起居室，与客餐厅串联成开阔的开放空间，是孩子阅读、游戏的活动区域。业主向往和风的温润质地，又不希望过于传统、繁复，因此设计者以木色基调铺陈整体空间，天花板采用造型木格栅，不规律的排列方式，成为进门后的亮点。刻意将格栅垂直于书柜，以长短不一的节奏营造轻盈韵律，软化空间的方正格局，并将视线巧妙引导至后方走道，延伸开阔的空间尺度。格栅造型在窗边局部转折向下，成为女主人摆放花器、盆栽，任绿意摇曳的一角。格栅的粗细、间距等的比例掌握是影响呈现效果的关键，避免过于沉重或琐碎，让照明映衬木材的温润质地是设计重点。

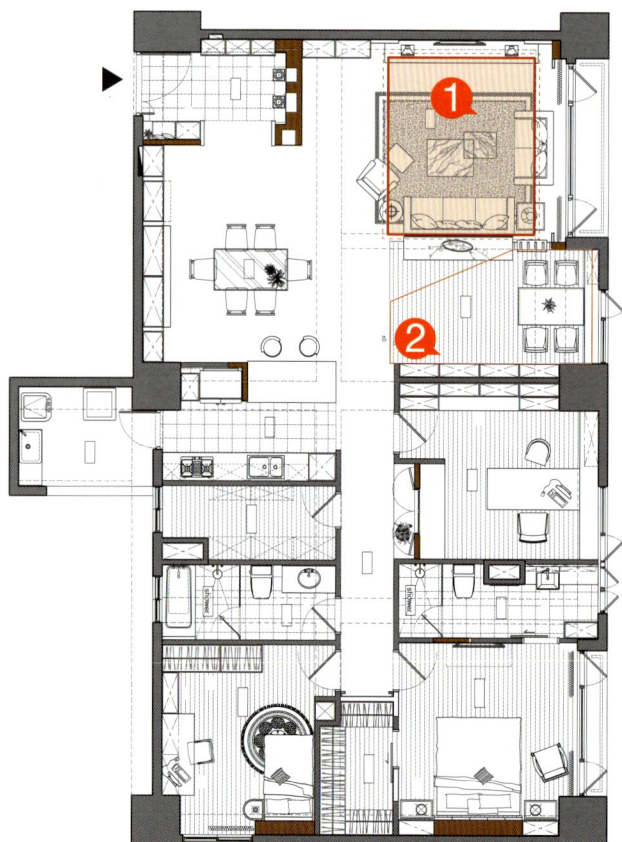

　　天花板线
- - - 间接照明灯管示意
░░░ 高天花板处
▭ 木格栅天花板

顺应大梁，天花板做出格局的分区规划

策略关键：
❶ 特别拉高的天花板加强客厅的视觉舒适度
❷ 和室区架高地板搭配降低的木格栅天花板，提供温暖的安全感

造型格栅的排列方式营造轻盈活泼的空间韵律

转折向下的格栅成为女主人摆放盆栽的角落

【芸采室内设计Yun Cai Interior Design】
Designer: 吴佩芸

[芸采室内设计Yun Cai Interior Design]

Designer: 吴佩芸

Yun Cai Interior Design

弯曲弧线延伸天花板，
柔和空间线条

　　本案例为双拼别墅的三楼，业主在两位女儿的房间外保留了一处阅读、游戏的起居空间。前方是挑空的通透天井，通过天井接引天光，串连垂直动线；旁边的楼梯则是家中主要的上下路径。设计者希望在此处呈现充满童趣的包覆感，因此让加厚的壁面延伸向上，以弯曲弧线转上天花板，柔和空间线条并包覆后方的大梁。接着贴上缤纷壁纸，藏入姐妹俩喜爱的粉红色与蓝色，让植物图纹蔓延整面天花板，并搭配间接照明，让此处成为充满童趣与生机的梦幻基地，突显空间的主题性。

图例
— 造型天花板
▨ 弧形天花板
--- 间接照明

天花板与垂直加厚的壁面部分融为一体，深度刚好可做为书柜使用

策略关键：

❶ 挑空天井选用长形吊灯与梁柱平行，维持平衡感

❷ 利用曲状天花板弱化空间的刚硬线条搭配整体包覆空间提供安全感

壁面线条转上天花板，以柔和造型营造包覆感

缤纷的植物图纹蔓延至天花板，打造充满童趣的少女基地

Yun Cai Interior Design

木皮天花板串连拉大空间尺度，
映照空间的趣味角度

　　设计者以温润木质结合沉稳岩板，为向往简约休闲的业主打造清新的居家风格。一道木皮天花板串连整个开放空间，拉大空间尺度，修饰大梁形体，并收纳空调与照明。为了降低梁柱间的高低落差，靠近大梁的天花板稍微转折出斜面，配合间接照明的光线，映照出空间中的趣味角度。客厅、餐厅、厨房与卧室等不同的机能空间，借由这道木作天花板同时产生划分机能与整合空间的作用。木质由天花板延伸至壁面，形成明显的大量体，也有放大空间的视觉效果。

[芸采室内设计 Yun Cai Interior Design]

Designer: 吴佩芸

木作天花板
低天花板处
天花板修饰线

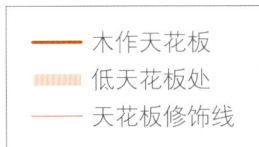

卧室的天花板一直到木作天花板区域呈现等高。在公共区的客厅，渐进式地将天花板做高，形成一个自然的视觉区隔

策略关键：

❶ 天花板修饰线安装嵌灯加强照明

❷ 木作天花板区以沙发墙基准线向中岛延伸，明确界定厨房区

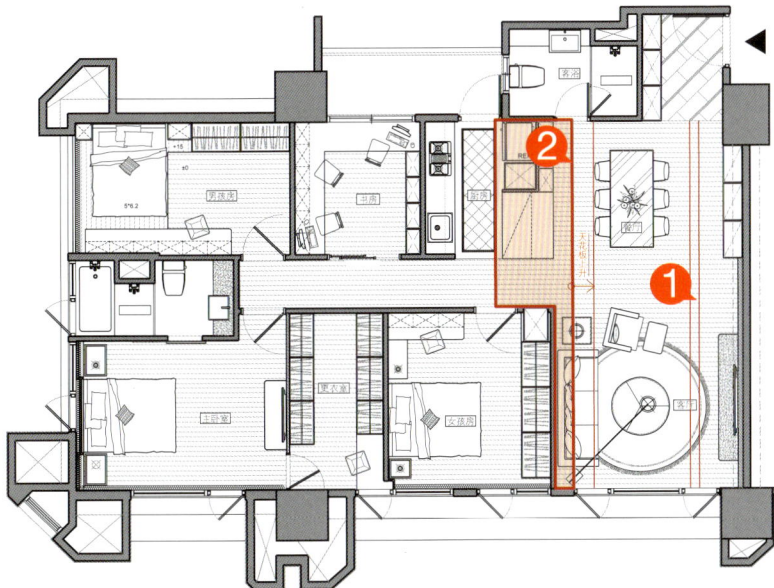

木作造型串联开放区域，让空间更显清爽开阔

木作天花板延伸至壁面，让空间更具整体感

天花板转折斜角，缓和梁柱间的高低落差

LED放射状光槽天花板设计，
成为室内主要视觉焦点

　　本案例为儿童美语办公室的接待区，打破儿童空间缤纷活泼的既定印象，打造了沉稳舒适的工作环境。天花板设计为放射状光槽，以延伸的视觉焦点将访客的行进方向引导至接待区；再运用宽窄板呈现不对称的美感，柜台处配置宽板，两侧配置窄板，宽窄板的交错搭配，形成和谐又有趣味的韵律，且天花板光槽与壁面的线条彼此呼应衔接。光槽内选用 LED 灯覆盖亚克力，散发均匀柔和的光线，外部再补充投射灯，给予柜台与壁面充足照明。柜台背后的木格栅墙，左右分别是烤漆玻璃与深色木皮的暗门，以木纹的凹凸质感表现前后进出的转换。由于空间有屋高限制，又须配合原有的消防风管、空调与线材，因此设计者将天花板高度稍微下降，保留原有条件，方便业主日后复原。

[芸采室内设计Yun Cai Interior Design**]**

Designer:吴佩芸

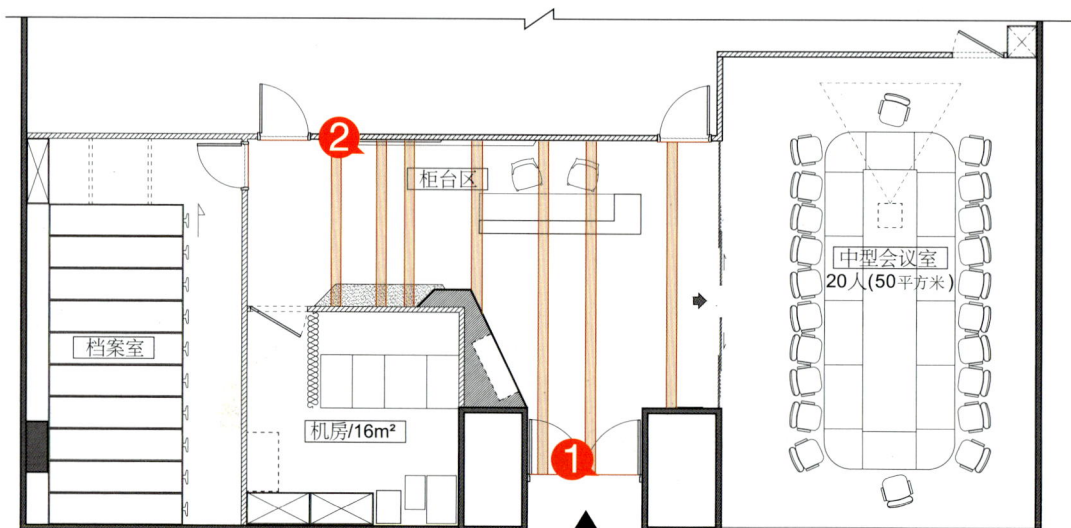

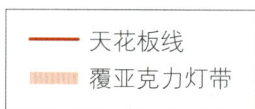

—— 天花板线	
▓▓▓▓ 覆亚克力灯带	

配合屋高限制的天花板选择嵌灯，可减少屋高给人的压迫感

策略关键：
❶天花板线位置刚好形成一个玄关空间
❷不同宽度平顶天花板和灯带

不对称的宽窄板对应壁面线条，共谱趣味的空间韵律

光槽内以亚克力覆盖LED灯，让光线更加柔和

大小、高低不等的圆洞天花板，
完美整合各种机能

　　本案例为托管与才艺教室。平面配置以象征都市广场的"故事区"为核心，四周则是象征不同建筑的音乐、舞蹈、烹饪、美术等才艺教室；以可穿透的"虚空间"串联不同的功能教室。故事区的白墙上开凿出大小、高低、色彩不等的方洞，可作为作品展示区，亦增加教室内外相互观看的渗透感。同样的手法延续到天花板，天花板曲线沿着圆弧形的教室蜿蜒向内，以大小不等的圆洞整合照明、空调与喇叭。在充满流动感的纯白空间中，方与圆的轻缓节奏组成故事区的韵律基调，让此处成为不同教室间的缓冲区域；推开活动墙，则瞬间变成举办发表会与展演的小型剧场，以方圆交织的空间元素增添活泼气息。

[福研设计Happy Studio]

Designer:翁振民

大小不等的天花板圆洞整合照明、空调与音响设备

天花板的圆洞呼应壁面的方洞，以类似手法铺陈空间语汇

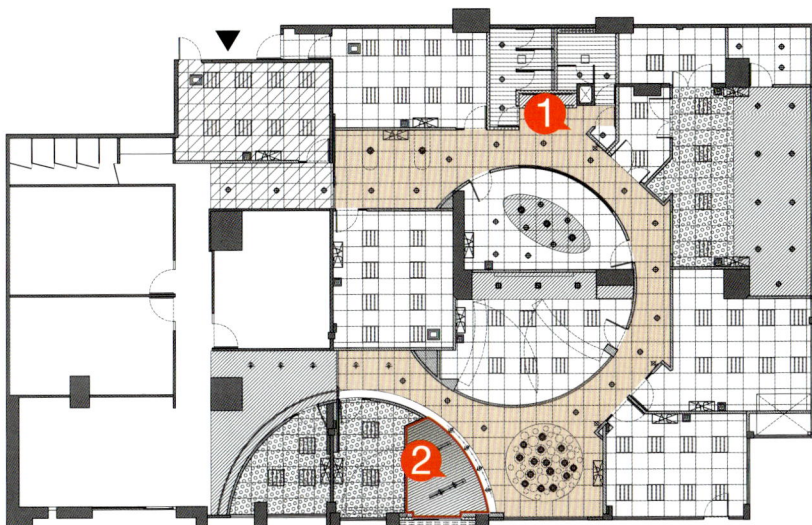

—— 曲面天花板

造型天花板

造型天花板覆盖整个走道公共区，大面积整合光电设备

策略关键：
❶ 暗架式天花板
❷ 做出的沟缝内藏侧照嵌灯，同时标示教室空间的位置

【福研设计Happy Studio】
Designer:翁振民

Happy Studio

善用圆弧造型
软化室内钢硬大梁印象

本案例是业主送给高龄长辈的住宅，因此最初就提出减少梁柱的压迫感、放大空间是平面配置的主要考量。设计者先在开放区域划出一道 S 型动线，分隔客餐厅、主卧及和室，两侧的壁柜、电视墙皆以实木拼贴，包覆成弧形量体，让 50 平方米的空间产生丰富层次。客厅天花板也顺应 S 型动线，凝聚成圆，横梁两侧再运用间接照明灯带，以木作天花板的视觉效果软化大梁的压迫感。在本案例中，设计者善用圆弧线条柔和空间锐角，并将弧形与梁柱间产生的零碎角落转化为收纳空间，极致发挥小宅空间。

▭	造型天花板
▨	高天花板处
↓↓↓↓	吊隐式冷气机出风口

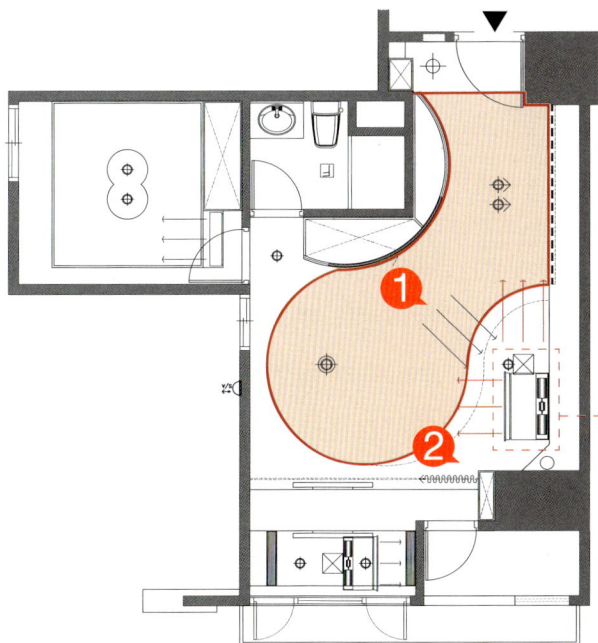

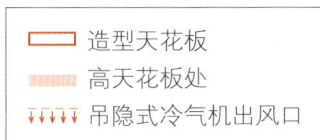

将厨房上方的天花板降低，做出容积安置吊隐式冷气机

策略关键：
❶ 拉高的天花板安装吊灯与引导动线
❷ 降低的天花板改以安装嵌灯和安装吊隐空调

厨房上方的天花板整合空调与油烟设备

圆形天花板对应壁柜与电视墙的弧形量体，形成圆满意象

Happy Studio

楼中楼天花板有弧度，
交错手法隐藏先天结构

　　本案例为扇形平面楼中楼，没有任何垂直或水平墙面，看似不利隔间，却正好回应了业主希望空间留白、圆满的诉求。位于18楼的全开式客餐厅享有270度的采光与景观，楼中楼的天花板造型将方形层板嵌入圆弧天花板，隐藏先天结构，让空间形体保留完整的流畅弧线，并呼应楼梯带动的圆弧曲度。不规则的墙体与轴线也提供空间"松动"的条件，达到业主期待的纯净与流动。客厅只以基础照明维持基本照度，19楼的阅读区则选用碗公灯，并于梁侧安装镜面，增加室内亮度，丰富空间表情。明亮采光的纯白量体，让本案例产生雕塑般的视觉效果，流动曲线为白色空间增添温度，优雅串连各场所。

[福研设计Happy Studio]

Designer: 翁振民

向下漫（洗）光

间接侧光转换降版光的手法

流畅弧线为白色量体增添温度与流动感

方形层板嵌入圆弧天花板，为楼中楼保留完整的圆弧语汇

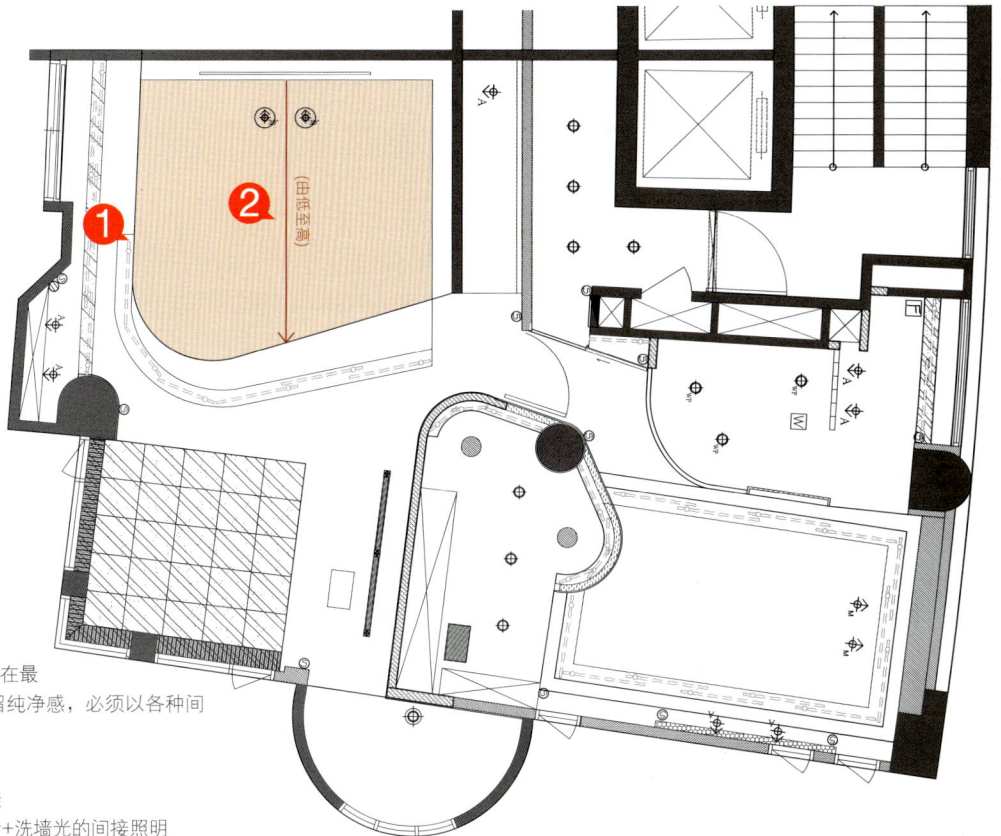

▨▨▨ 挑空区域
──▶ 天花板弧度

挑高楼中楼净高条件较理想，在最上方做出斜屋顶的客厅需保留纯净感，必须以各种间接照明补充光度

策略关键：

❶ 漫射光投射表面，白色最佳
❷ 片弧状天花板结合降板设计+洗墙光的间接照明

Happy Studio

粗细不等的间隙格栅，
交织出光线的迷人样貌

　　沉稳的木格栅是踏进办公区域的第一道风景，廊道格栅由壁面转折至天花板，以半遮蔽的视野划分出入口与办公区域。设计者巧妙引"光"，让游移日光灵巧穿越格栅，以条码分割的韵律起伏与粗细不等的格栅间隙交织出不规律的光束，形成优美的迎宾光廊。不安定的自然光反而带动了光影的丰富表情，迷人的交错斜影与接待区的石纹壁面相互唱和，构成行进间的雅致光景。廊道天花板保留开放的原始结构，仅以格栅呈现简约设计，让内与外的空间语汇清晰一致。

T字铝条

出风

回风

▨▨▨▨ 木格栅

（间隔粗细不等）

办公室的层高不是很大，将木格栅天花板切平在消防管线之下，让视觉从入门的较低廊道引导至后方

策略关键：

❶ 从墙到天花板跨界木格栅分出内外并使灯光交错投射

[福研设计Happy Studio]

Designer:翁振民

木格栅是涂装木皮板，侧边结合金属美耐板，构成条码分割的活泼韵律

光影穿透粗细不等的格栅间隙，形成一条柔和光廊

顺应基地L型天花板，
放大室内狭窄空间

　　L宅，顾名思义就是L型的平面。房屋有约45平方米的面积，进门后视觉直通厨房，而厕所正好位于L型的转角处，空间狭窄、格局没有改善空间是本案主要的限制。既然没有玄关作为缓冲空间，设计者索性顺应格局，从入口处规划一道L型的木作天花板，软化沙发上方横亘的大梁，并穿越客餐厅，在厨房处转折后，延伸至和室与卧室，发挥延伸空间视觉的功能。由于客厅净宽仅有2.45米，又是没有采光的暗室，借由天花板铺陈主要动线，放大狭窄空间；同时选用深色系木质搭配重点照明，呼应厨房与和室的木门片，以材质、色系赋予空间休闲写意的统一基调。

顺应L型基地的木天花板缓和大梁，延伸空间视觉

深色系木作搭配重点照明，反而有放大空间的效果

天花板与厨房、和室门片的材质相呼应，铺陈休闲
舒适的情调

[福研设计Happy Studio]

Designer:翁振民

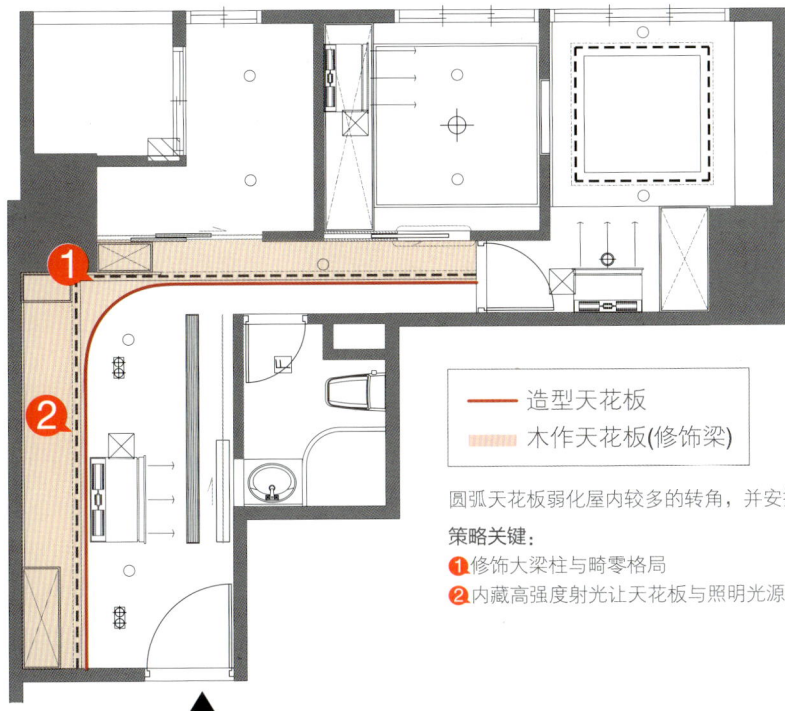

——— 造型天花板

▨▨▨ 木作天花板(修饰梁)

圆弧天花板弱化屋内较多的转角，并安排在座位区上方，藏住吊隐式空调

策略关键：

❶ 修饰大梁柱与畸零格局

❷ 内藏高强度射光让天花板与照明光源成为一体

悬吊式天花板方框塑造漂浮视觉，
为小型住宅营造开放空间感

　　夹层屋有可能做天花板造型吗？本案例的基地仅有 40 平方米，设计者将客餐厅、厨房、厕所与储藏室置于下方；上方则是卧室，以一床一桌围构私密的小天地。夹层之间，一道木作楼梯从天而降，貌似登机舱门的外观是空间转换的重要元素。楼梯以"门洞"为概念，以天花板悬吊的木作方框塑造漂浮视觉，铺陈进入休息场所前的过渡感受，并结合两侧清透的强化玻璃，保留卧室的开放感。门洞与结合厨房吧台的楼梯上下脱开，让量体维持轻盈，充足的踩踏宽度，确保上下行走的安全性，楼梯内侧则采用斜切的手法，维护安全的走动空间。卧室天花板保留原本钢构的朴素面貌，仅作喷漆修饰，不再增加夹层内部的厚度。

[福研设计Happy Studio]

Designer:翁振民

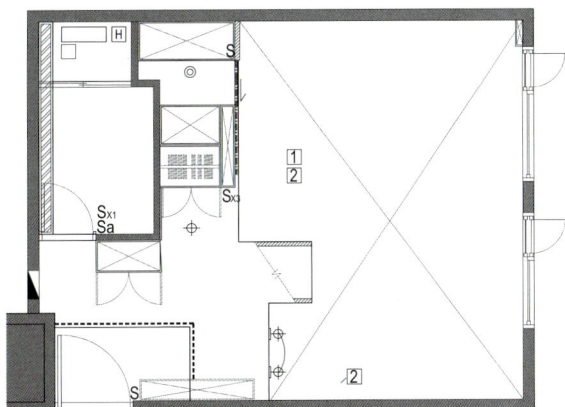

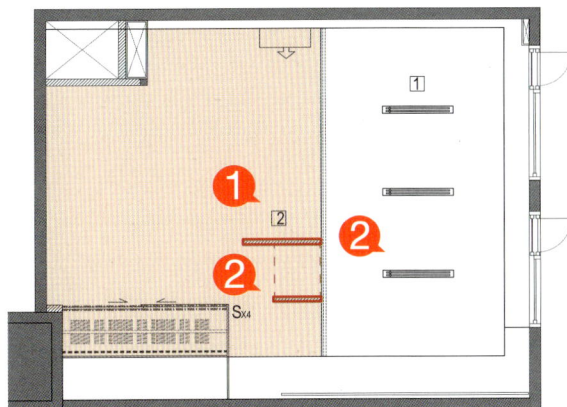

天花板平面图　　　　　　　　　　　夹层天花板图

── 木作悬吊方框隔板	挑高住宅上层区结合楼板、楼梯形成一体
▨ 夹层天花板	**策略关键：**
⬚ 楼梯木作门洞位置	❶上层虽高度不足，但属于包覆天花板，可以让睡眠有安全感
	❷从天顶跨界到楼梯+流明式天花板

由天花板悬吊而下的木作楼梯，为夹层屋创　门洞与结合吧台的楼梯上下脱开，并确保安全的踩踏宽度
造趣味风景

[YHS Design]
Designer: 杨焕生、郭士豪

YHS Design

格子梁造型，
呈现耐看的高雅平衡感

　　本案例为业主度假、招待友人的空间，业主希望房子拥有家的温度，又有不同于家的氛围。华丽的格子梁造型天花板整合了照明与空调，完整延伸至餐厅，中间仅以屏风相隔，通过天花板立体的视觉效果让空间更显气派。纯净的白色系由天花板延伸至壁面，随着光影变化，不同的线性元素在空间中交织出丰富层次。同时，反转材料特性，将贵重的大理石安置在客厅的四角，成为安定空间的沉稳配角。设计者以通常用于大型建筑空间的格子梁造型呈现高雅的会所质感，并运用简约的分割线条，搭配材质与色调的装点呈现和谐的平衡感。

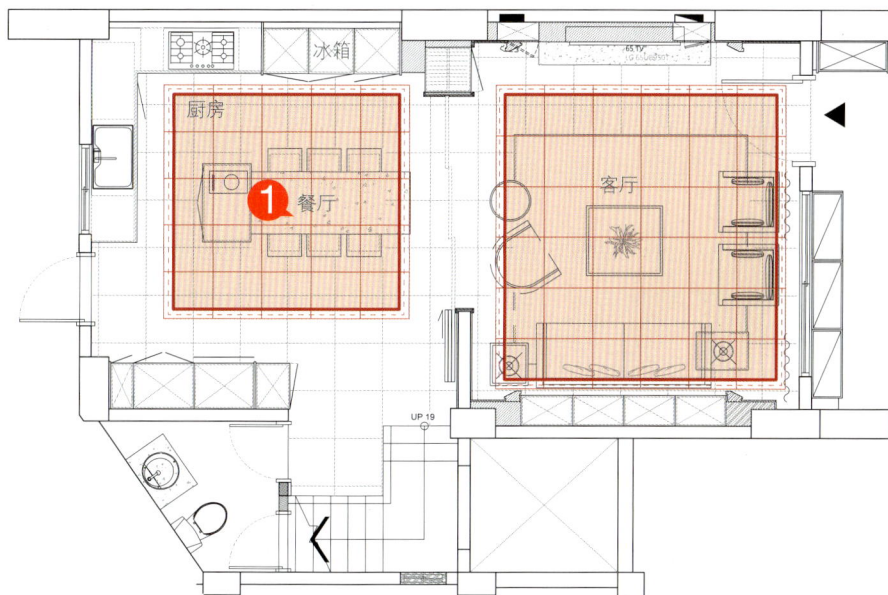

——	格子梁天花板
——	低天花板线
▨▨▨	高天花板处
----	间接照明灯管示意

在格子天花板外缘加上线状嵌灯，灯光一开，也有界定范围的功能

策略关键：

❶ 方格梁内装设直射嵌灯，光照形成天花板的阴影变化

格子梁造型天花板让会所空间更显气派

白色系的立体造型，任光影优游，成为空间中的迷人表情。选择光源向下的照明就不会有被格子遮挡的问题

YHS Design

大小不等的不规则天花板，
形成特殊协调韵律感

　　设计者将原本方正的格局"转"出新意，让精致空间有家的舒适，也有旅馆的新鲜感。平面中央的起居空间被刻意扭转，配置成不对称的折角，扭转后的空间，正好在沙发后方放置茶水柜。电视墙后方也形成大小适中的更衣室，同时在窗边安置一处工作区域。随着空间的扭转，天花板也形成碎裂的状态，并映照着地面的功能配置，形成多片大小不等的不规则天花板。打破的天花板界线产生视觉延伸的感受，搭配间接光源，在纯净的白色空间中营造出天光效果，以上下呼应的动态系统形成特殊而协调的韵律。

[YHS Design]
Designer:杨焕生、郭士豪

天花板造型搭配间接光源，营造天光般的效果

方正格局经过扭转，天花板也随之碎裂变化

不规则的多片天花板，呼应地面的空间配置

保留茶水间和更衣室的机能，通过扭转调节空间大小定义空间位置

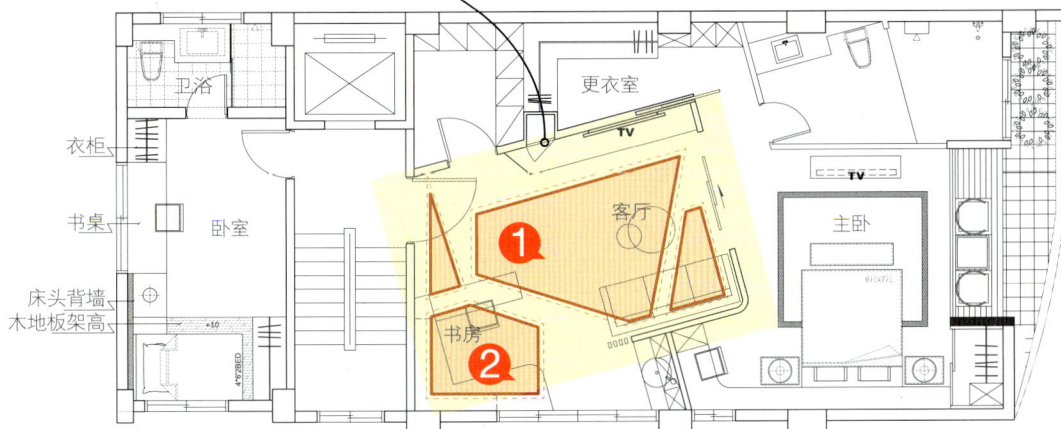

几何形状天花板的区块刚好对应下方的各空间范围

低天花板线
高天花板处
间接照明灯管示意

策略关键：
❶ 柔和的侧面光源往上投照，有向上增高和空间照明的效果
❶ 天花板采用不规则形状，呼应客厅、餐厅左转安排的区位

YHS Design

分割区块、加工堆叠天花板表面凹凸，
成就细节中的细腻感受

设计者为久居台湾的德国业主打造了一处简约中蕴藏变化，并以记忆彰显空间特性的住宅。首先将"盒子"的概念植入空间，让客厅平面如魔术方块般扭转65度，创造出饶富趣味的空间倾角；天花板造型也随之扭转，运用叠砌、错位、不规则的特色构筑。先架构出天花板的分割区块，再加工堆叠表面的凹凸线条，最后针对细节反覆琢磨，看似线性简约的天花板造型其实相当费工。客厅以壁炉为中心，以炉火的温度诠释家的定义，日光与火光闪烁交错，映照天花板的线性纹理，搭配实虚量体的镶嵌形塑，为业主呈现颇具视觉张力，开阔明亮且风格简洁的居住空间。

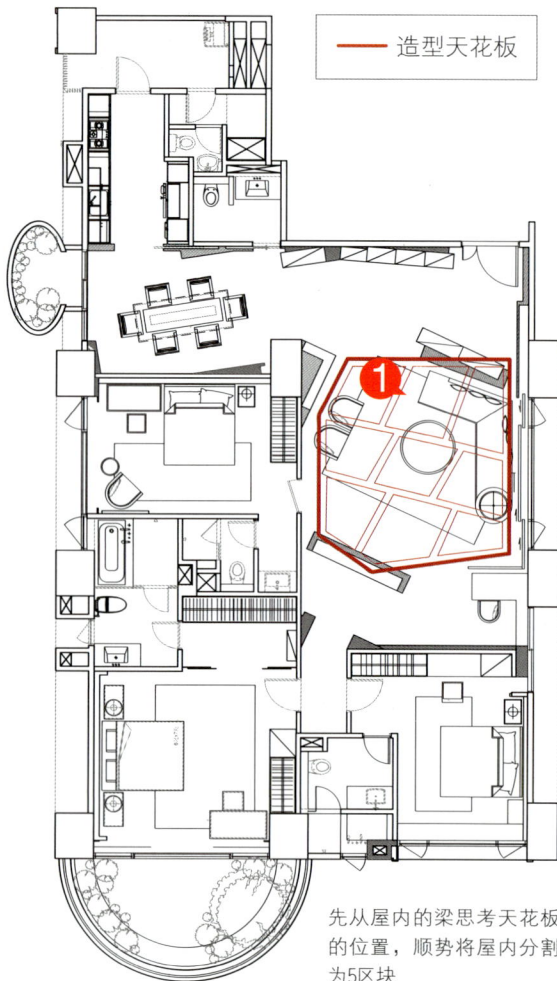

—— 造型天花板

先从屋内的梁思考天花板的位置，顺势将屋内分割为5区块。

策略关键：
❶ 凹槽沟缝是冷气出风口+非传统面墙的平面配置

[YHS Design]
Designer: 杨焕生、郭士豪

不规则的天花板造型为空间融入美妙的冲突感

天花板随平面扭转后，以不规则的立体区块呈现

亚克力棒花型天花板，
随光影折射呈现轻盈的空气感

　　本案例以"自然的空气感"作为美发空间的概念来源。天花板材质选用半透明亚克力棒，没有光线时，低调到几乎能将之忽略，但借由光的作用又能呈现充满想象力的"无形之形"。每8根亚克力棒绑成1朵亚克力花，再将350朵亚克力花分别固定于十字钢构的交合点，交合点与照明皆以高低分层的方式穿插分布。照明则选用扩散型的LED灯，让天花板随光影折射呈现出轻盈又迷人的空气感。入口处的木作弧墙流动到室内，带动机能空间的划分，上升到天花板时，形成天花板侧墙收边，包覆垂直墙面与屏风，蜿蜒的光影变化与感性线条为美发空间留下了最优雅的注解。

[YHS Design]

Designer: 杨焕生、郭士豪

亚克力花与照明以高低分层的绑点固定，产生丰富的光影表情

半透明的亚克力棒，在灯光照耀下呈现璀璨造型

半透明的亚克力材质，以无形之形呈现
充满空气感的柔美视觉

为避免较高的层高产生压迫感，使用造型天花板无形中降低了层高，却又没有封顶式天花板
的沉重感

—— 造型天花板

░░ 亚克力花天花板

策略关键：

❶ 折射光源弱化了金属基质的装潢色调
❷ 由宽到窄决定了店内动线和走道洗墙光安排

花朵纹理古典天花板，
浑然天成的法式浪漫香气

　　时尚摩登的法式餐厅，宛若纯白的浪漫城堡。设计者以西方的元素为构思来源，从古典饰板的美感中，提炼出简约的法式线条，以 90 厘米见方的花朵纹理覆盖在磨砂玻璃与天花板上。特意让图案依循着严谨的制约，界线内整齐又相互交错的线板如涟漪般扩散至整面天花板，变奏的法式纹理以量化姿态营造惊艳视觉。纯净的白色空间，呼应窗外的绵长绿篱，就像被绿意包覆的玻璃盒，内外相望皆是一幕绚丽风景。

[YHS Design]
Designer:杨焕生、郭士豪

天花板造型赋予空间浪漫的法式灵魂

由简而繁、缜密铺排的花朵纹理呈现突出的视觉效果

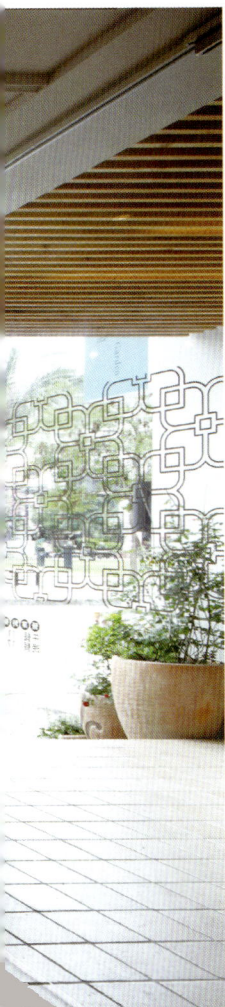

—— 古典天花板饰板

想在商业空间中融入古典风格，墙面和天花板是两个必做的部分

策略关键：

❶ 入口区较狭长，特意装上古典天花板线板，以吸引消费者的视线

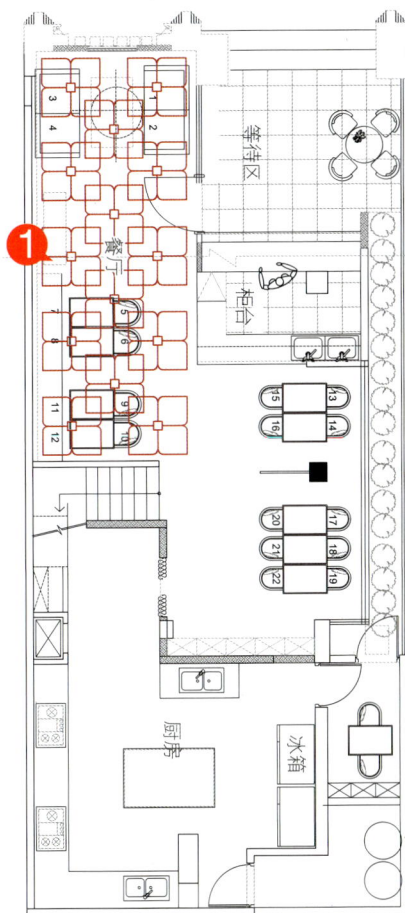

[YHS Design]

Designer:杨焕生、郭士豪

YHS Design

以街廓方正意象塑造大厅天花板，温暖照亮行进中的旅人

　　"这里是一座奇幻城堡，旅馆不再只是旅行中的逗号，而是一段永恒的美好记忆。"为了打造旅途中的归属，设计师摊开地图，将台中市的街廓印象转化为建筑立面的纹理，并由外转折向内，成为一楼大厅与餐厅的天花板网格，让旅人在出入间仍踏着向往的步履。以街廓方正格局塑造的大厅天花板，自然交织出线性光带，温暖照亮行进中的旅人，并呼应着地面刻意裁切、重组的大理石砖。相同的天花板延伸至一侧的餐厅，设计者在开阔的水平视线中安置垂直线性的屏风，让重复的元素在精心铺排下呈现复数之美，任视觉优游于丰富的层次关系之中。

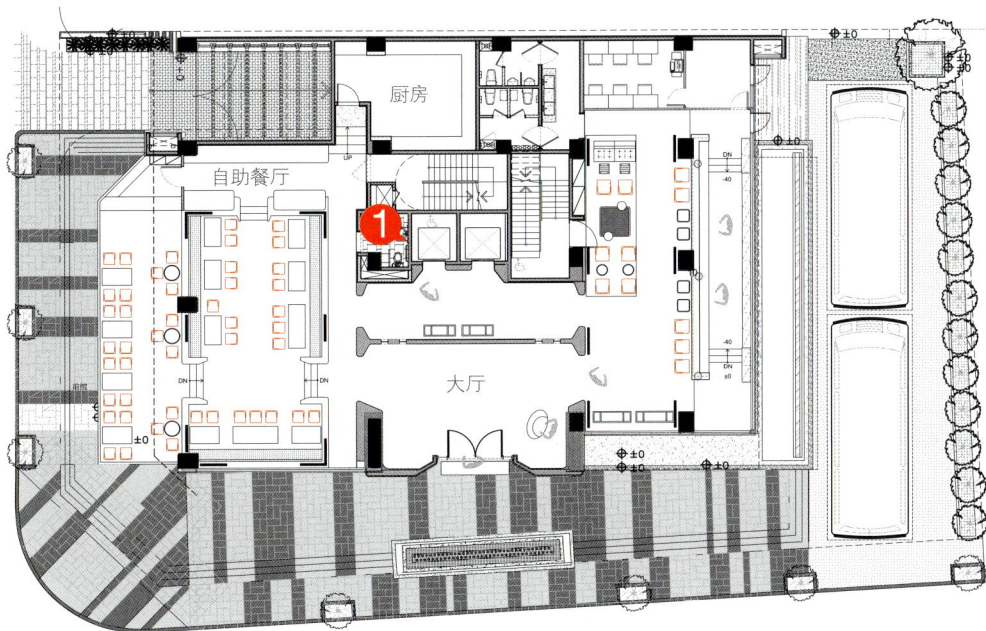

厨房

自助餐厅

①

大厅

每一个方格状下都是桌椅安排的界定

策略关键：
❶顺梁切分+灯光沟缝

空间中交织的线性元素形成丰富的层次关系

城市的街廊纹理由建筑立向内转折成天花板造型

YHS Design

惊奇镜面视觉天花板，
献给旅人的惊喜伏笔

　　旅人的一夜，是梦境，还是真实？以此为设计的灵感，设计者在空间中玩味虚实。天花板采用镜面折叠镶嵌，看似垂直交错，但其实是刻意倾斜了 30 度，呈现出多面反射的无尽幻境。就寝时，天花板的镜面视觉是设计者送给旅人的惊喜伏笔，意料之外的视觉效果是旅程中另一场精彩的梦境。同时搭配房内的镜面玻璃盒、镜面壁面等造型，大大小小穿插与堆叠，多重线条与影像转折酝酿揭开礼物盒时的期待心情，让旅馆也能充满未知的想象空间。

[YHS Design]

Designer:杨焕生、郭士豪

刻意将镜面天花板置于床铺上方，睡前可发现惊喜伏笔

以明镜铺陈空间虚实，回应"梦境与真实"的设计主题

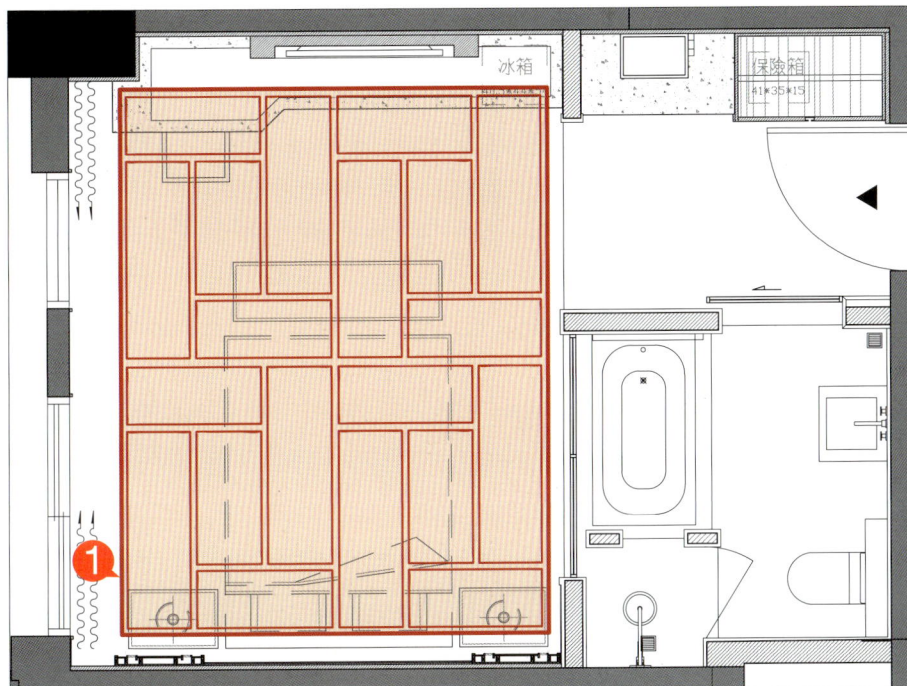

—— 镜面分割

—— 天花板分割

▦ 镜面造型天花板

镜面镶嵌营造假天井和假格栅天花板的效果

策略关键：

❶ 天花板框先处理冷气出风口，预留升高镜面天花板

YHS Design

黑玫瑰主题灯饰，
天花板顶上最鲜明的一朵花

　　邻近日月潭风景区的风格旅馆，户外是坐拥山城的灵秀意境，室内以东西方的华贵元素打造度假氛围。进入房间，首先惊艳视觉的是巨幅L型床板，由床头转折向上，最后以黑玫瑰的主题灯饰收束，成为鲜明的天花板造型。黑白交织的装饰元素，定义出品味独特的睡眠区域；两侧壁面以珍珠贝壳拼贴而成，构筑出繁简和谐的度假会所。宽敞的浴室让旅人享受独特的尺度空间感受，璀璨墙面是手工拼贴而成的金色马赛克拼花，与浴缸内的黑色马赛克交织，极致奢华，并呼应天花板以纯粹线条勾勒出柔美花朵。

[YHS Design**]**
Designer:杨焕生、郭士豪

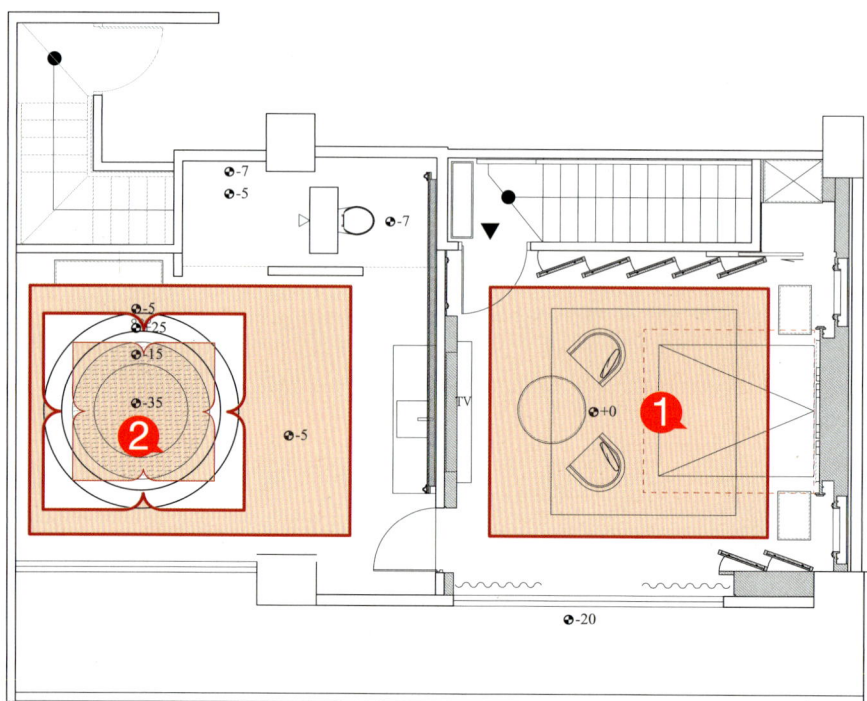

向上延伸的床板天花板内有漫射光源，增加黑与白的立体感

策略关键：
❶ 须注意不可挡到冷气出风口
❷ 造型天花板上下对应浴缸，平顶天花板收梁，造型区强调主题，形成
　　一凸一凹的视觉导向

——	天花板造型
▨	高天花板处
- - - -	L型床板

花朵造型的浴室天花板，将视觉导向壁面的璀璨马赛克拼花

L型床板结合主题灯饰，以黑白层次呈现惊艳造型

YHS Design

镭射切割细腻竹节纹路，
优雅内敛的精致天花板

　　碧雾系列以材质的特殊性创造出优雅内敛、时尚雅痞与大气沉稳三个篇章。黝黑弧形底板勾勒出天花板的如意造型，以吉祥的简洁弧线搭配绚丽的马赛克拼花墙面，让珍珠母贝的圆润光泽成为空间的主角。或者搭配水平垂直交织的方格屏风，以方正线条框出层层的视野。又或是植入令人神往的植物意象，天花板以镭射切割刻画细腻的竹节纹路，线性语汇再转向壁面；铁件上饰以光泽耀眼的橘色布幔，高低错落的穿梭如揭开清晨曙光的浪花。碧雾系列的天花板造型皆与精致壁面相互辉映，设计者糅合多元风格、细腻材质与精湛工艺，演绎出满足感官的奏鸣曲。

[YHS Design]
Designer:杨焕生、郭士豪

天花板以镭射切割出细腻的竹节纹路，以中式元素为空间定调

— 天花板造型
▦ 高天花板处

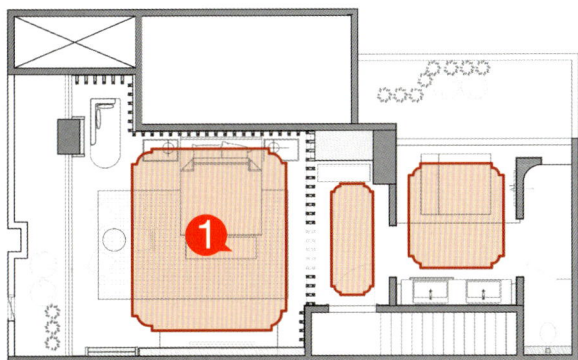

— 天花板造型

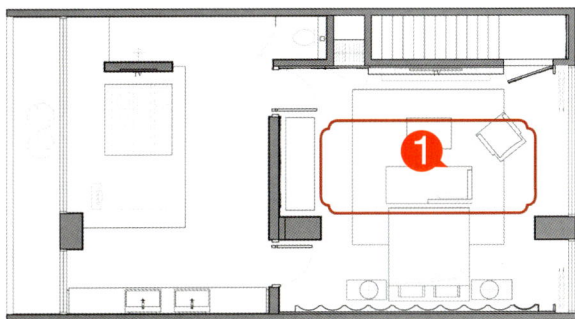

天花板与壁面线条相互呼应，烘托繁简和谐的高雅氛围

— 天花板分割
▦ 竹节造型天花板

豪华的住房必须有空间区分，却不能以实墙分隔，天花板就可以达成此任务

策略关键：
❶ 整合光电功能和空间界定

和式木构造延伸天花板造型，浅色白桦木降低压迫感

　　业主是一对热衷模型制作的夫妻，客厅后方的书房是平时制作模型的空间。设计者规划一整面书墙，以木作沟槽组装白桦木夹板，再以相同手法"转"上天花板，就成为视觉效果突出的立体造型。模拟模型制作的手法呼应业主专注手工的兴趣，并通过和式木构造的方式突显匠人精神；材质上选用浅色的俄罗斯白桦木，让空间不过于压迫。除了书墙上下的间接照明、天花板中央的直接光源，每个座位都有独立照明。层叠交错的木作由书墙一路向上爬升，最后转至座位前方，视觉落在业主陈列模型的展示柜，兼顾收纳与展示，也保留了客厅与书房间的穿透性。

【直方设计Straight Square Design】

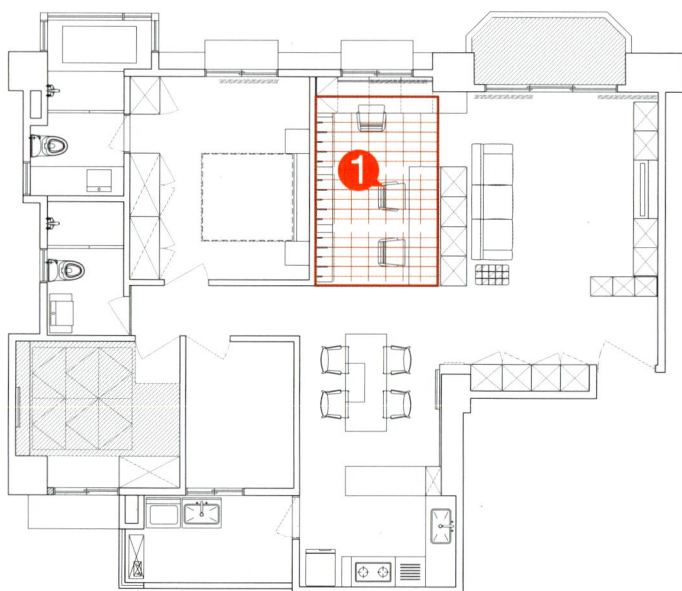

　　—— 木构造天花板分割
　　—— 造型天花板

将明架式天花板转换成如书插般的造型

策略关键：
❶ 整合光电功能和空间界定

散发桧木清香的格栅造型，
营造放松优雅的日式风情

　　本案例是久居于日本的业主在北投购置的泡汤休憩空间。踏入玄关后，先经过开阔的和室、坐谈区，最后才进入汤屋。设计者选用素雅简朴的石纹磁砖与桧木，天花板造型采用桧木格栅，呼应了地面的线条；木地板与地砖顺接，所以没有高低落差。层层排列的桧木地板采用悬空的设计，下方藏有不锈钢接水槽，让水由木头的缝隙间排出，地板就不会因积水而潮湿。刻意维持低调照明，桧木清香随着热汤与蒸气氤氲飘散，为业主打造静谧放松的日式汤屋。

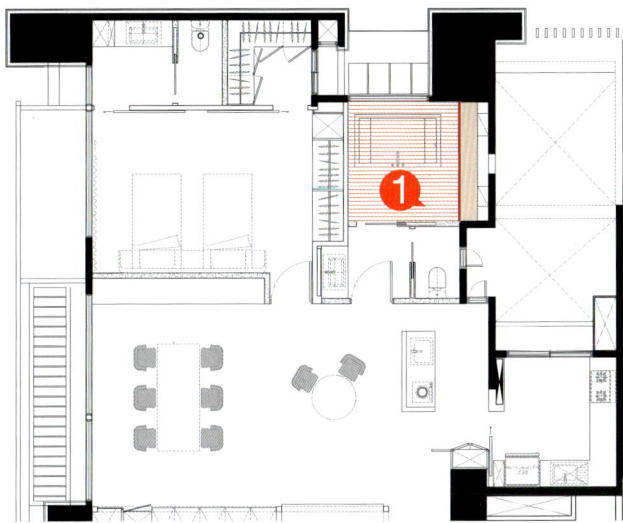

——	桧木格栅天花板
——	造型天花板分割
░░	呼应地面天花板

外露式格栅天花板是日式风格必用的基本元素

策略关键：
❶不装设灯光，所以天花板可以紧贴墙面

天花板与地板皆选用桧木，泡汤时也能享受清香缭绕。木格栅天花板回应地板的线性语汇，呈现简约的日式美学

格栅天花板与订制真空灰玻璃，
打造高机能满分视听室

喜爱收藏黑胶唱片的男主人在家中打造了一间专业规格的音响室兼书房。天花板设计以白色美思板搭配木格栅排列，对应木质地板的温润韵律，由书桌、沙发、音响设备，层层推至后方粗犷的巴西青铜石墙，串联延伸出低调而精致的空间质感。由于原先音响室与餐厅间的实墙遮住餐厨区域的采光面，设计者打掉实墙，并订制20毫米的真空灰玻璃，既能有效隔音又能让光线穿透。木格栅以黑铁角架固定成四道，而不铺满整面天花板，保留了造型的美观性。除了美思板的孔洞有吸音效果，木格栅的立体造型也能降低声音回弹，发挥折射音波的作用；刻意选用多种表面不平整的材质，以回应专业的赏乐需求。且木格栅不时散发出桧木的淡雅清香，在此聆听音乐是舒压又愉悦的享受。

[参与室内设计有限公司involve design]

Designer:高家豪

为了获得最佳的音响效果，选用美思板与木格栅打造天花板造型

木格栅的层层排列赋予精致空间宽敞的视觉延伸

不贴死天花板的格栅设计增强声音的延伸性，让低音表现不沉闷

策略关键：
❶外露式格栅骨架+吸音板造型隐藏空调

【大不列颠空间感室内装修设计British Designer】
Designer:陈伟芸Salina Chen

British Designer

结合裸露冷媒管线，
刻意营造粗犷工业氛围

　　本案例位于一楼，天花板有消防管线穿过，由于业主偏好工业风，于是刻意让管线裸露，创造粗犷不羁的氛围。此外，为了避免天花板线路过于凌乱，所以采用EMT管配置灯具线路，将所有线路收纳得井井有条；走道区域搭配局部天花板，用以突显工业风的基本调性。此外，一般住宅在装设空调时，会将冷媒管隐藏起来，在这处空间中，设计师却让粗大的冷媒管直接穿墙而过，且刻意选用镀锌螺纹风管，光滑的表面、螺旋的纹路、亮灰色的金属质感……所有特征组合起来，反而营造出十分抢眼的效果。

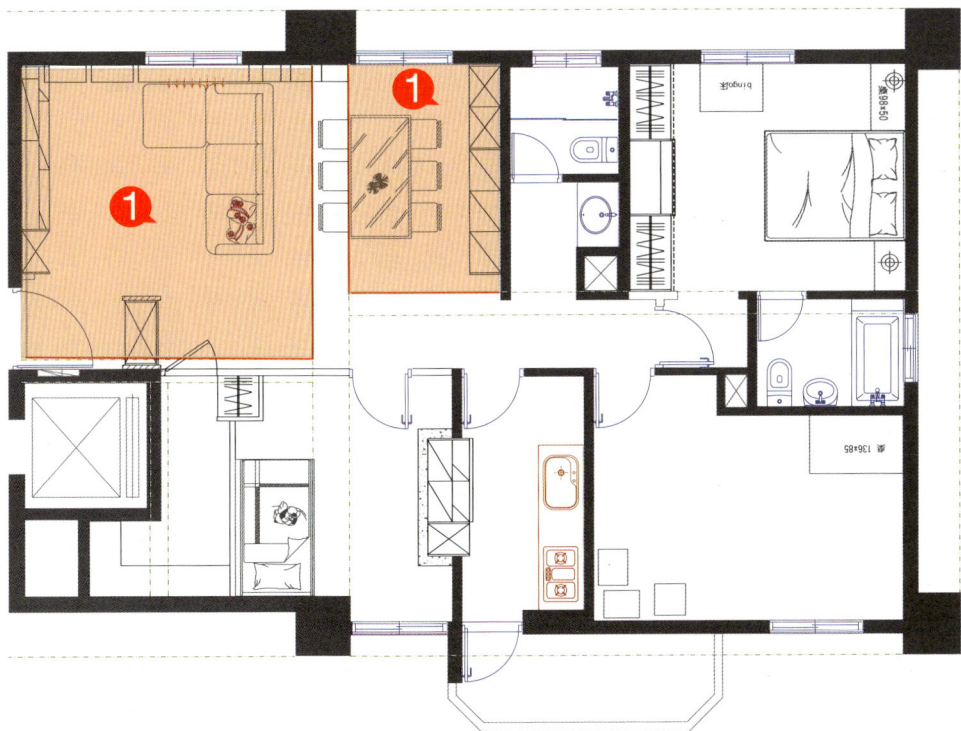

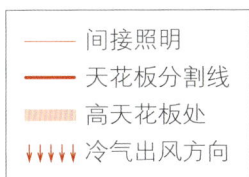

挑高的天花板正好为公共区进行视觉分区

策略关键：

❶ 顺应大梁与冷媒管的入孔位置，调整天花板挑高的位置和条状灯槽

──	间接照明
──	天花板分割线
▨	高天花板处
↓↓↓↓	冷气出风方向

冷媒管刻意穿墙而过，并选用镀锌螺纹风管，极具特色的金属质感强化整体空间的工业风调性

消防管线、灯具管线、冷媒管在天花板交错纵横，在设计师的安排下不显杂乱，反而更有个性

天花板以工业风概念进行设计不代表
管线就能够随意裸露，通过缜密规
划，整齐的管线排列本身就成为一道
美丽的风景

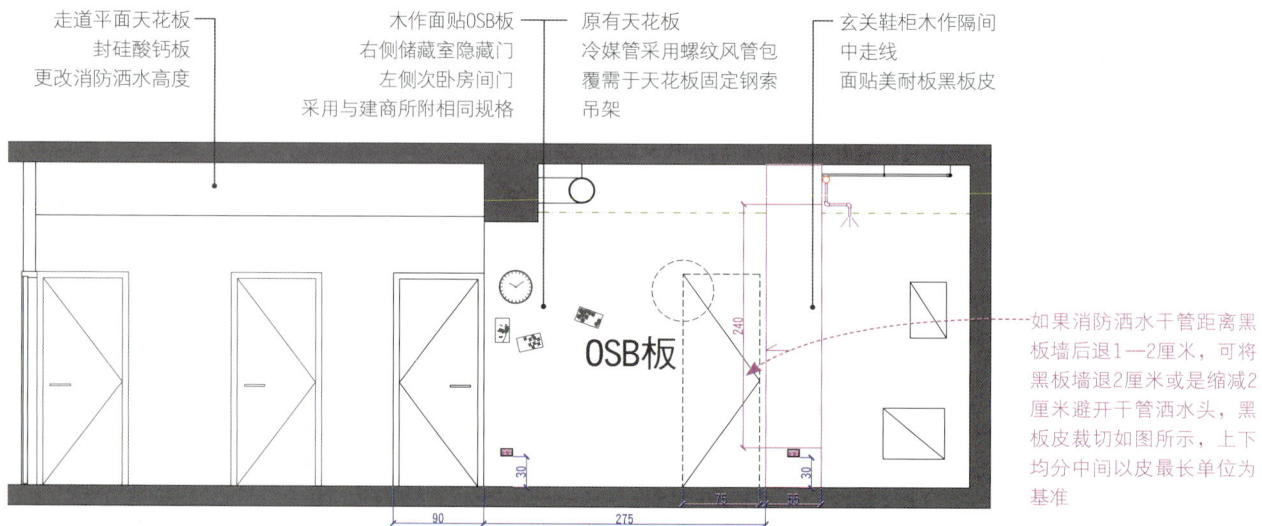

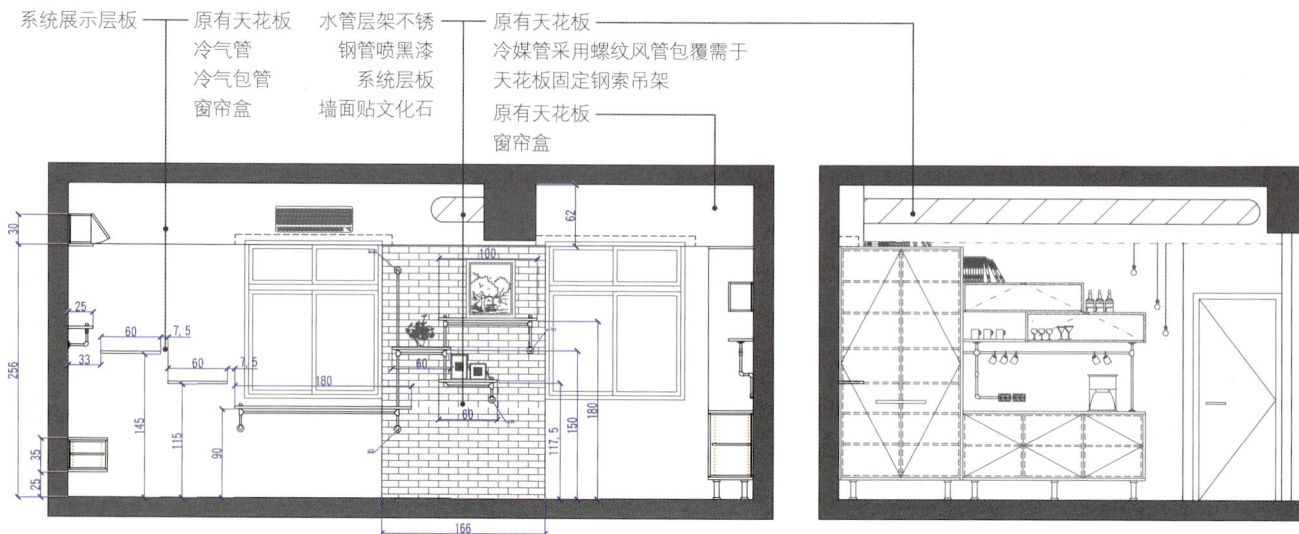

走道平面天花板
封硅酸钙板
更改消防洒水高度

木作面贴OSB板
右侧储藏室隐藏门
左侧次卧房间门
采用与建商所附相同规格

原有天花板
冷媒管采用螺纹风管包
覆需于天花板固定钢索
吊架

玄关鞋柜木作隔间
中走线
面贴美耐板黑板皮

OSB板

240

90   275   75   55   30

如果消防洒水干管距离黑
板墙后退1—2厘米，可将
黑板墙退2厘米或是缩减2
厘米避开干管洒水头，黑
板皮裁切如图所示，上下
均分中间以皮最长单位为
基准

系统展示层板
冷气管
冷气包管
窗帘盒

原有天花板

水管层架不锈
钢管喷黑漆
系统层板
墙面贴文化石

原有天花板
冷媒管采用螺纹风管包覆需于
天花板固定钢索吊架
原有天花板
窗帘盒

30

25
33
60   7.5
256
60   7.5
145
115
25 35   90
25

62

100
180
60
60

166

117.5   150   180

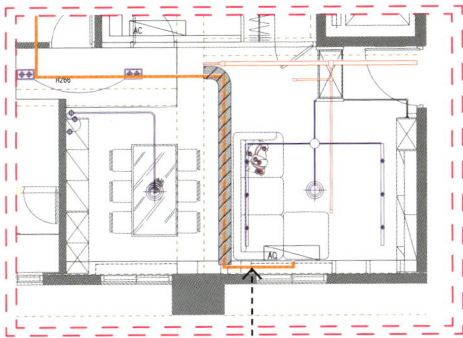

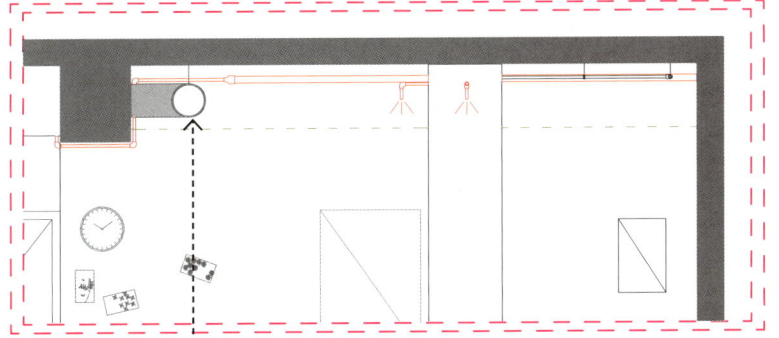

利用镀锌螺纹风管走冷媒管，
营造工业风的质感

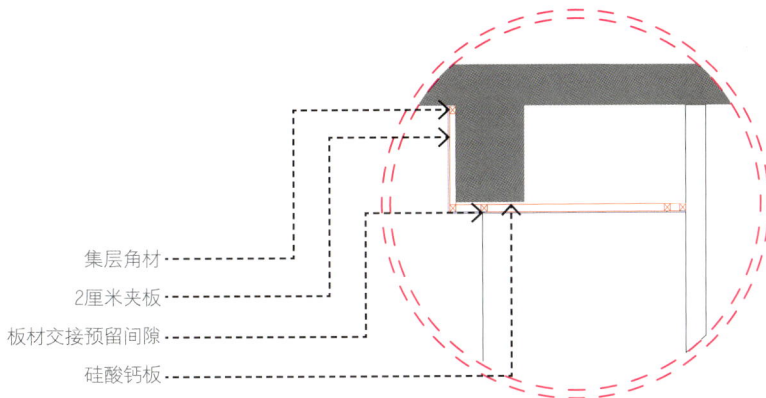

角材间距依据现场做最适当调整，
若遇到筒灯请避开设置

集层角材

2厘米夹板

板材交接预留间隙

硅酸钙板

类木屋斜顶天花板
修饰床头大梁

由于建筑结构的关系，房间四周都有梁柱，为了修饰并维持最高屋高，采用了中间不做天花板，四周包梁做间接照明补足光源的设计。但若是按照这样的思路，床头区域也拉出间接照明的话，反而突显梁柱的存在，看起来更加突兀。因此这个区域采用小木屋斜屋顶的做法，并在表面刻意做出融合木屋顶风格的平行沟缝，搭配灯具管线，营造工业风氛围。而原本因为天花板高度降低可能带来压迫感的床头，也因为整体气氛调配得宜，成为房内的特色之一，让人能够安稳入睡，真正达到化腐朽为神奇的效果。

床头以斜屋顶设计修饰梁柱，仿木纹印象概念刻划出沟缝，塑造卧室独特魅力

【大不列颠空间感室内装修设计British Designer】
Designer:陈伟芸Salina Chen

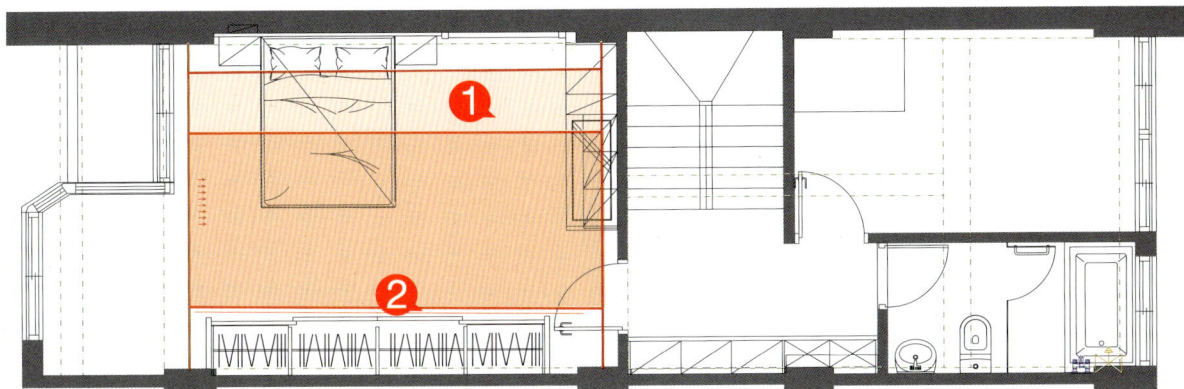

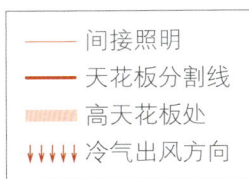

间接照明投射至天花板，白色能够扩大光照明亮范围

——	间接照明
——	天花板分割线
▨▨▨	高天花板处
↓↓↓↓↓	冷气出风方向

策略关键：
❶ 包梁手法修饰床头上的梁
❷ 安装间接照明转移对梁柱的注意力

天花板刻意采用间接照明，转移使用者对于梁柱的注意力

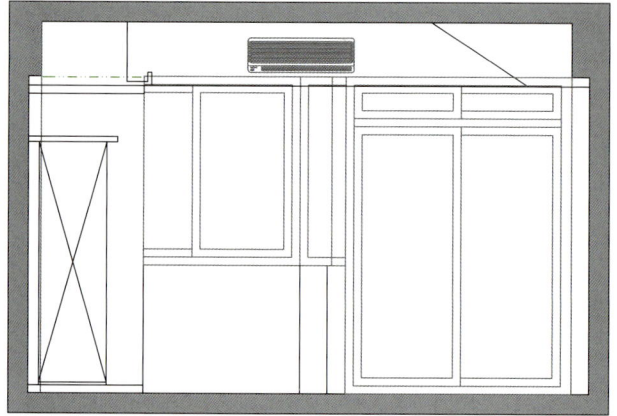

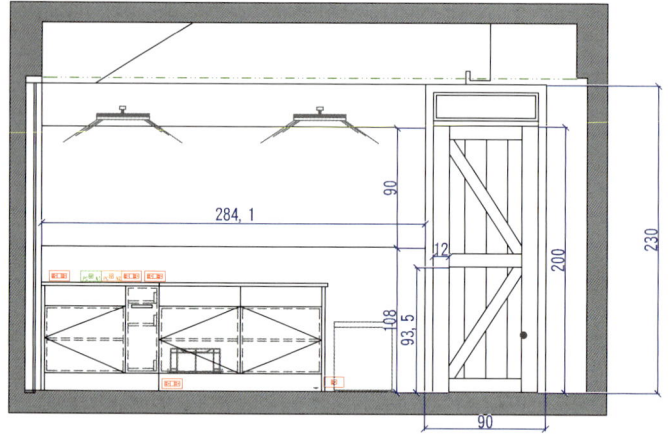

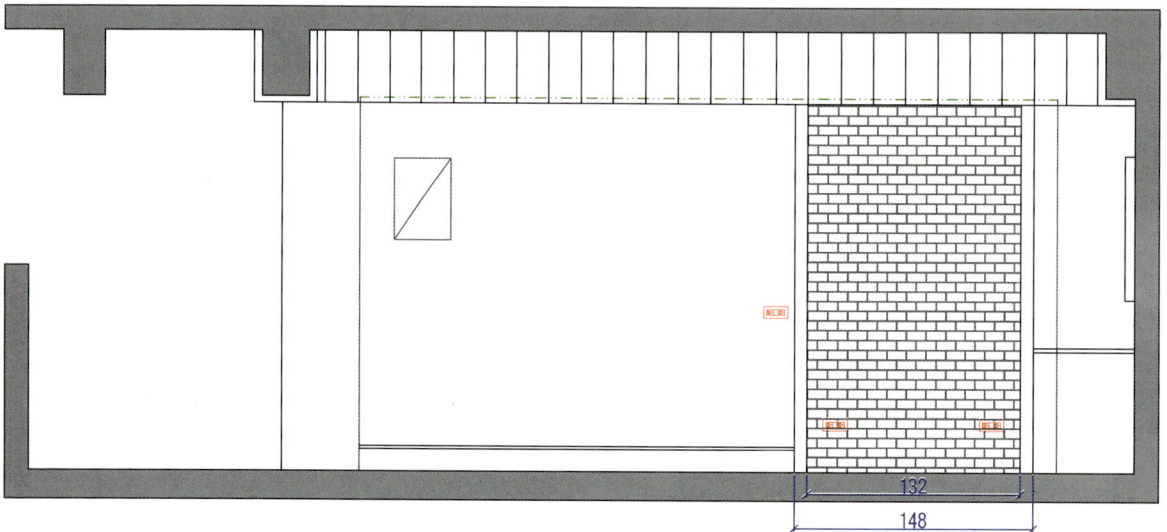

原有天花板

H230

H230

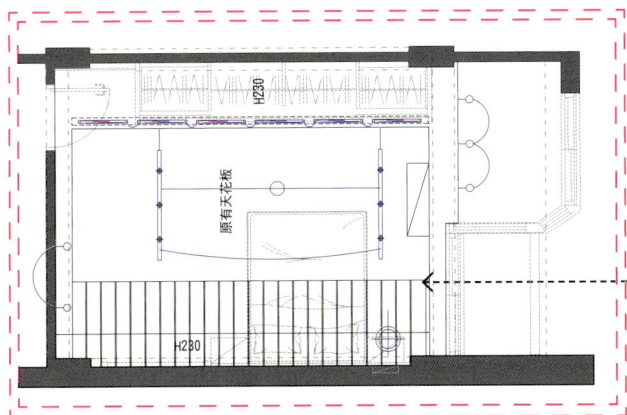

为了修饰床头梁柱，采用类似小木屋的斜屋顶做法，并且做出企口沟缝营造轻工业风的质感

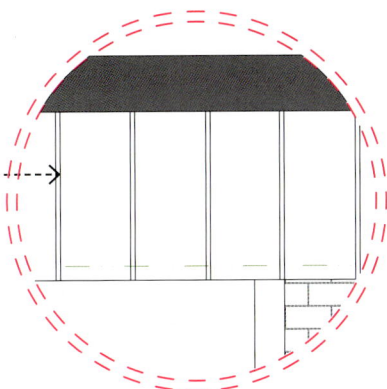

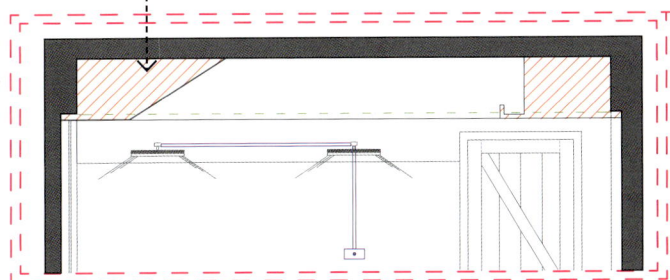

由于建筑结构的关系，房间四周有梁柱，为了修饰并且维持最高屋高，设计成中间不做天花板，四周包梁做间接照明补足光源的样式。但若是床头区域也拉出间接照明的话反而会突显梁柱，因此这个区域采用小木屋斜屋顶的做法，并做出企口沟缝，搭配管线营造出工业风氛围

细腻巧思创造天花板层次，衬托视觉更高挑

这处空间先天条件并不佳，原本是一间厕所，后来应新任业主的需求将其改造为工作间，但由于天花板内布满原始管线，无法变动，所以此区天花板需降低。为了避免挑高不足造成视觉与生活上的压迫，设计师将安装灯具的区域往上提高，并在底部安装黑镜，形成一条光带，房内天花板向外延伸至大梁前25厘米处做间接照明以修饰外面的大梁。通过这样的规划，一方面加强光线反射，另一方面也能突显空间个性。而天花板的高低差设计，不仅在细节上强化层次感，也将工作间内部衬托得更为高挑，让人难以想象这里原本是厕所，赋予使用者一个能够悠闲工作、上网、阅读的舒适环境。

压低的天花板除了修饰上方管线之外，也有向外延伸至房门之外。所以房内天花板向外延伸至大梁前25厘米处有做间接照明，去修饰房外的大梁

[大不列颠空间感室内装修设计British Designer]
Designer: 陈伟芸Salina Chen

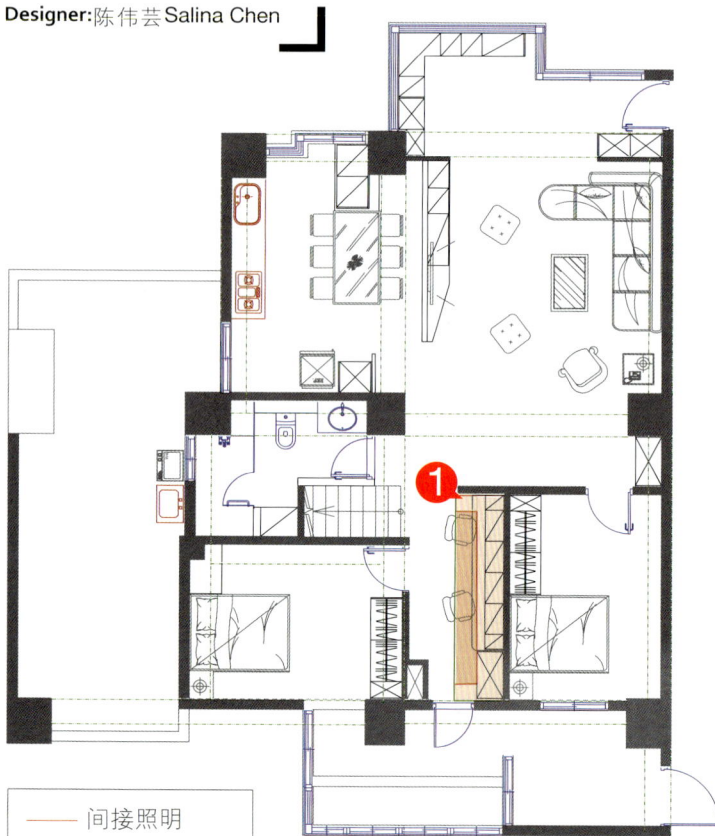

图例	
——	间接照明
——	天花板分割线
▨▨▨	高天花板处
↓↓↓↓↓	冷气出风方向

天花板位置修饰梁柱，最后在墙板收尾

策略关键：
❶ 包梁处理加装脱开式间照，25厘米恰好

上系统书吊柜　　　　木作书桌台面　　　　公共区域立体天花板
系统门片　　　　　　中间加强　　　　　　天花板上凹作灯槽
下装T5书桌灯　　　　两侧系统抽屉柜　　　面贴黑镜
　　　　　　　　　　拉抽　　　　　　　　安装嵌灯
　　　　　　　　　　抽盘

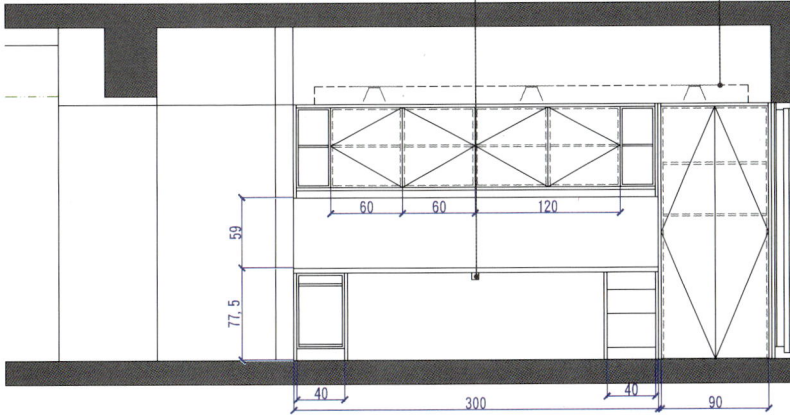

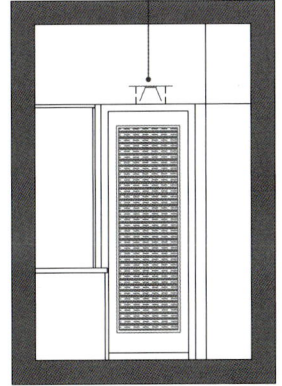

天花板沟缝之间规划一条光带，通过暖色灯光增添温馨气息

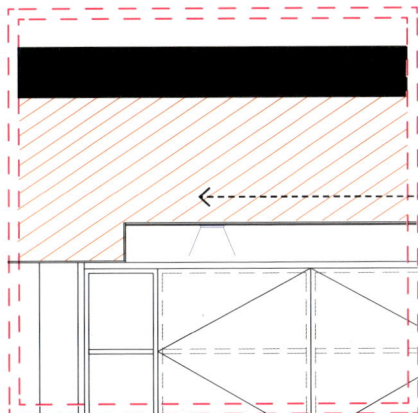

天花板内布满原始管线，由于无法变动，所以此区天花板需降低

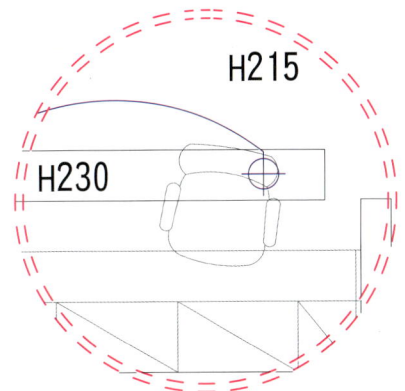

H215

H230

顺势不可动建筑格局，
天花板设计完美变身乡村风

　　由于建筑格局的关系，房间内有楼梯结构的一部分，且正好位于床头上方。为了不让房间主人因为强大压迫感而难以入眠，设计师利用楼梯的斜度，做出类似城堡的尖拱，并且拉出深度，让斜屋顶的左侧顺势延伸，像是伸出手臂撑住了梁。木工施工前须现场打版，确认好尖拱的斜率，才能完美遮住楼梯结构并做出美丽的斜屋顶。完工之后，斜屋顶上刻意做出平行纹路，打造犹如身处小木屋的温馨感受，而斜屋顶的纹路也与床铺周边墙壁造型相呼应，让整体视觉效果更加完整，彻底转移人们对于屋顶大梁与低天花板的注意力，为使用这间卧室的小女孩建造了一间真正属于她的梦幻城堡。

屋顶存在许多根横梁，加上楼梯结构的干扰，原始空间的压迫感相当强烈。床铺上的斜天花板不与床铺等宽，是因为房间面积很小，若是天花板与床等宽，那么剩余的天花板面积太小，整个房间会更狭窄

[大不列颠空间感室内装修设计British Designer]
Designer:陈伟婷Eleven Chen

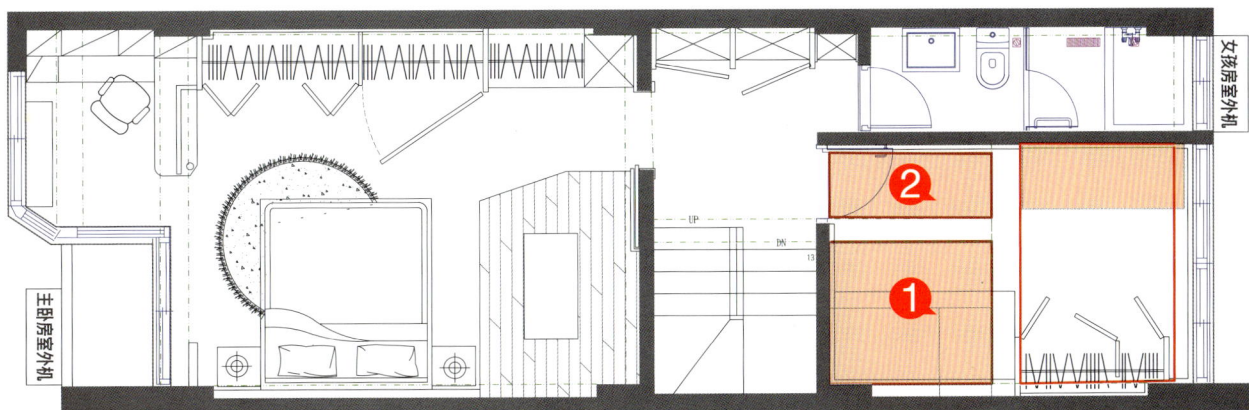

策略关键：

❶ 在天花板安装灯光，为床上阅读提供足够的照明

❷ 包覆式有安全感，并可以修饰梁压床的问题

—— 天花板分割线

▨ 低天花板处

木作门片
染白色
门片内贴镜子

造型天花板
墙面壁板染白色
壁板凹槽柜

161

55   170,5   6   205   8

木工施工前须现场打版，确认好尖拱的斜率，才能完美遮住楼梯结构并且做出美丽的斜屋顶

1w1w Design

木作质感呼应天地，
变化居家丰富表情

天花板都以简洁的线条拉出层次感，除了内藏管线以外，也是空间延伸很重要的一环。且天花板尽量轻量化、弱化，让视觉产生拉高效果，同时利用层次感弱化空间的压迫感，达到空间上的平衡，这不仅是整个空间舒适性的关键所在，更具备画龙点睛的效果。天花板设置嵌灯照明，洒落晕黄光意，调和温馨氛围；石材、铁件勾勒出视觉层次与丰富表情；灯光部分选择重点式照明，营造出每个区块需要的光源气氛。天花板特意以斜向的设计方式，降低梁柱间的高低差感受，设计师借由包覆天花板化解疑虑，且木质格栅天花板造型区分了空间并构造出更多层次丰富的线条。

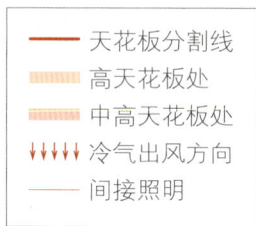

图例	说明
▅▅▅	天花板分割线
▨▨▨	高天花板处
▨▨▨	中高天花板处
↓↓↓↓↓	冷气出风方向
——	间接照明

顺梁区分各个使用功能区，也将走道强化

策略关键：
❶斜面天花板调整不同粗细的梁
❷+❸略低的平顶处安排空调主机，格栅升高了视线

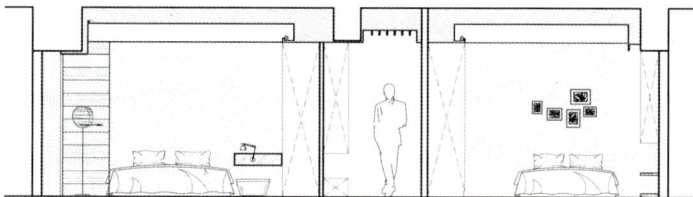

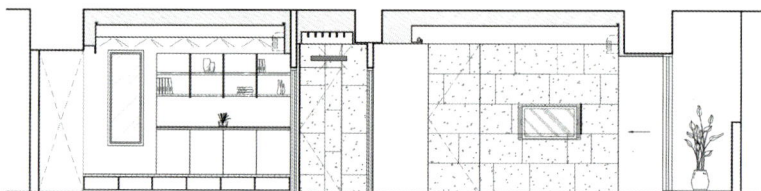

[一水一木设计工作室1w1w Design]
Designer:谢松谚

公共领域有粗大的横梁和柱子存在客、餐厅之中，为了减轻大梁的压迫感，利用斜面天花板造型让空间视觉高度延伸，也可以让空间比例达到平衡。餐桌及平日文书工作的区域利用木质格栅的方式呈现，使木质百叶窗帘与天花板达到互动一致性，造型的天花板设计也让客、餐厅多了不一样的层次

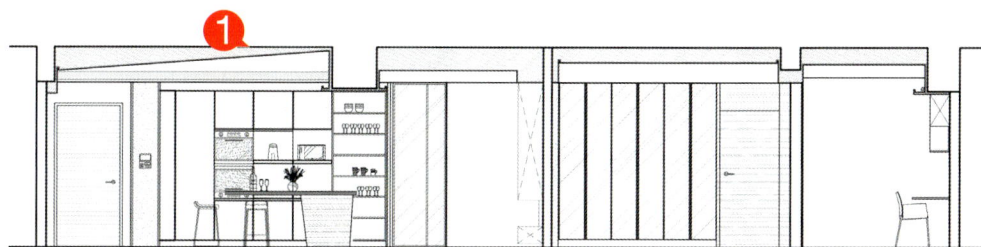

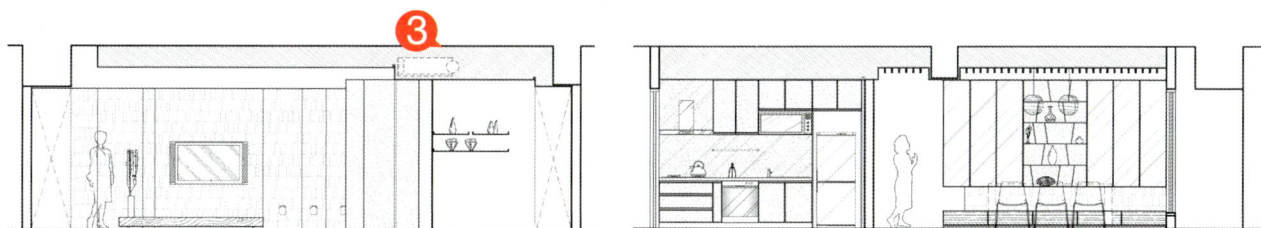

巧妙把握天花板比例，
延伸视觉明亮开放

　　天与地的距离关系着公共领域如何呈现延展、开放的视野，并串连客厅、餐厅达到视觉延伸的效果。精准掌握比例是空间设计最重要的环节，更与居住者的舒适程度与心灵放松感息息相关。在本案例中，管道间的水管利用天花板加以修饰，在内层加强吸音棉包覆，使管道间的噪音大幅减少，让天花板设计除了机能、视觉、造型、修饰作用外，对于生活品质产生实际的帮助。此外，设计师通过巧妙手法将空间的缺陷转化为最吸睛的区域，搭配明确的格局规划、机能配置、照明计划及流畅生活动线，替空间创造出利落明亮的居室格调。

温润的木作墙面延伸至天花板，让客厅与餐厅产生区域的分别，让空间使用更加鲜明自在。以木质色调做为空间设定，简约造型铺陈在厨房天花板上，拉出宽阔的室内感受并营造出舒适、惬意的自然生活气息

天花板分割线
高天花板处
中高天花板处
木作天花板处
↓↓↓↓↓ 冷气出风方向

客厅区就位于玄关旁，而走道又将本区和客厅一分为二，因此必须将本区以木作整合

策略关键：

❶ 木作天花板为不停留区的走道决定动向，整合玄关、客厅的安定比例

❷ 利用梁本身的位置，采用不包梁封顶做法，达到清晰分区的作用

[一水一木设计工作室1w1w Design]
Designer: 谢松谚

SW Design

LED灯带天花板的直行线条，
前卫时尚的感官冲击

　　室内正中央存在一根大梁，造成强烈的压迫感。为了化解这个缺陷，设计师所做的不是想尽办法隐藏，而是以线型 LED 灯带加以修饰，通过简约利落的直行线条，营造前卫时尚的感官印象，使之成为空间中最引人注目的景观；灯带旁贴上加入极细云母粉的立体壁纸，在 LED 灯照耀下，随时发出闪亮动人的光泽。LED 灯带天花板也向下延伸，串连起壁面及地坪，无形中成为一道界线，清楚区分客厅与餐厅两处区域，吊隐式冷气的线性出风口也安装在 LED 灯带天花板上方，通过这样的规划，让人完全忘记其实这里原本是大梁。

[思为设计SW Design]
Designer:徐文芝Winnie & 施翔腾Shawn

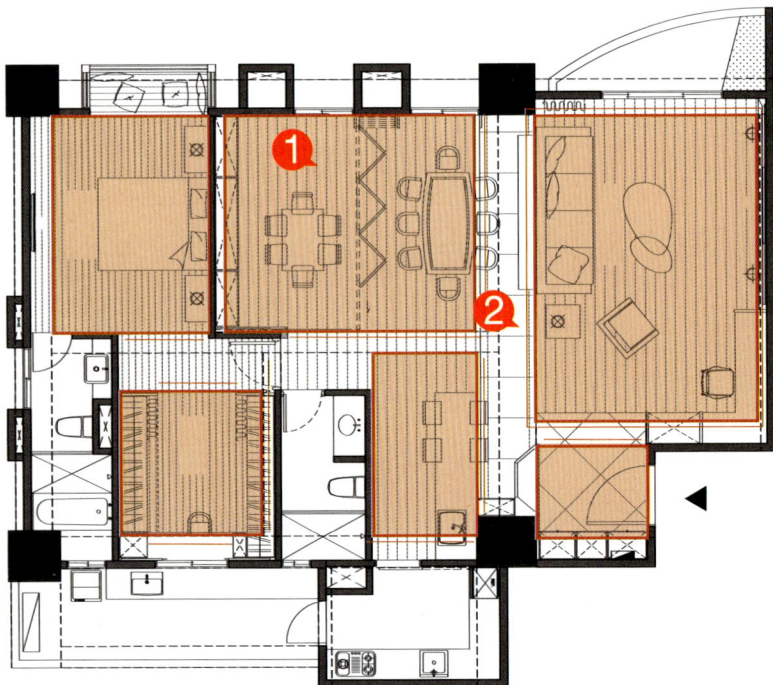

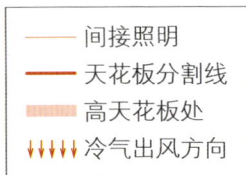

　　间接照明
　　天花板分割线
　　高天花板处
↓↓↓↓↓ 冷气出风方向

修饰入门后的大梁成为主要视觉停留处

策略关键：
❶利用拉高天花板上下对应空间功能，周围层次逐渐下降与梁结合
❷反向包装梁，成为特殊造型

玻璃展示柜

金属铁件折门
茶色磨砂玻璃

110   189   110
421

66
421

开放柜＋间接灯   屏风   开放电器柜
强电箱   红酒架
弱电箱

明镜   电箱
对讲机   鞋柜活动层板

80
60
33
33
15

221
15

15
5   80   40   80
210

5   35   5   70
110
115

35   80   5   120   5   60

鞋柜   踢脚

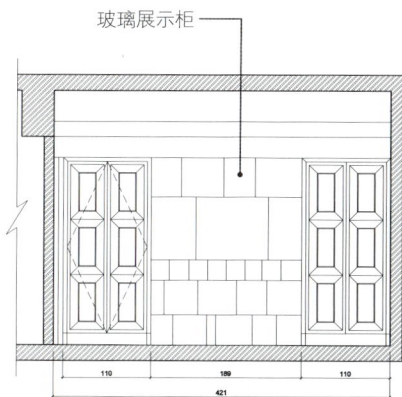

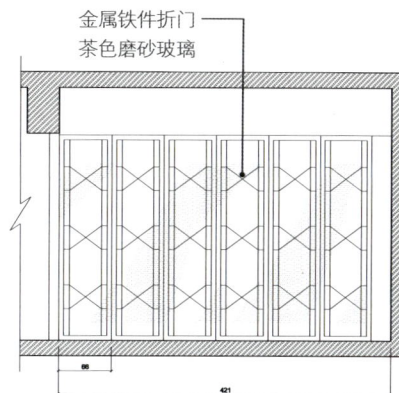

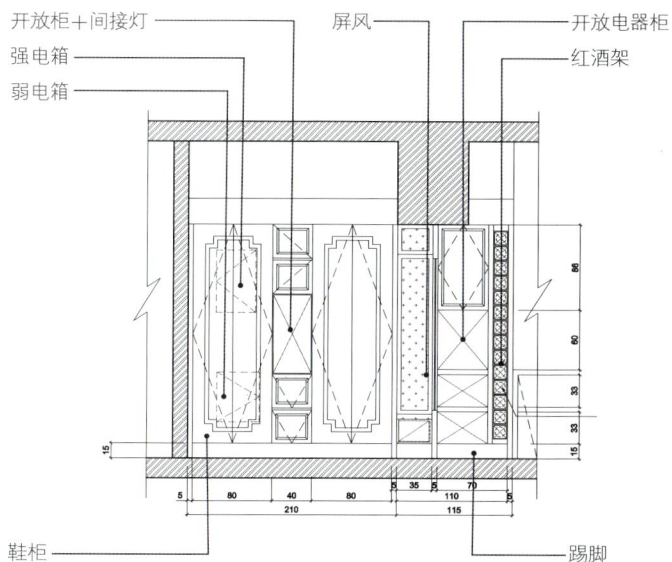

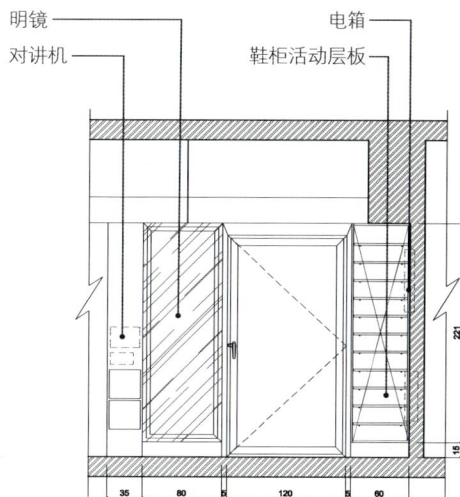

为了避免空间中央大梁带来压迫感，设计师别出心裁地以LED灯带进行修饰，为空间增添亮点。吊隐式冷气主机出风口与大梁结合，创造干净利落的收边线条

SW Design

天蓝色天花板刻意的仿天井造型，
清清爽爽消烦解忧

天花板的天蓝色带与墙壁、地板的大地色系巧妙搭配，为空间勾勒更多元而缤纷的层次感

　　玄关天花板刻意做出仿天井的挑高，一进门压力瞬间解除，感觉豁然开朗。"天井"内以木板设计连续的圆弧造型，涂上天蓝色漆，打造柔和的气氛。天花板以斜角切入客厅，且斜角也采用天蓝色系与玄关相呼应，同时也与吧台的蓝色马赛克做巧妙搭配，增添更丰富的层次感。此外，天蓝色的天花板顺着斜角一路绕行室内空间，让视觉效果获得进一步延伸，并且有效中和墙壁、地板的大地色系，令住宅在沉稳中仍保有轻松惬意的元素。另一方面，客、餐厅天花板也装设轨道灯，可依照业主需求调整照射角度，借以强化空间实用机能。

[思为设计SW Design]
Designer:徐文芝Winnie & 施翔腾Shawn

天花板分割线
高天花板处
中高天花板处
冷气出风方向
间接照明

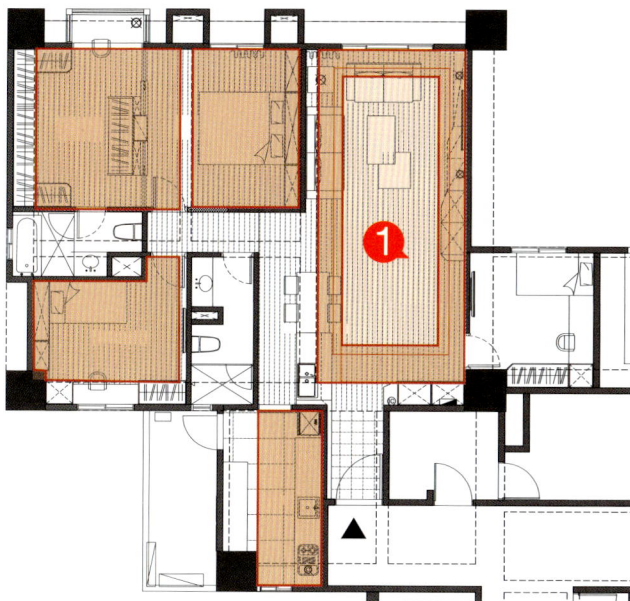

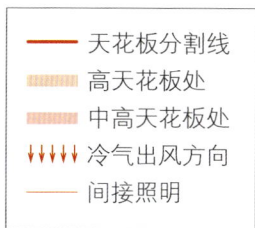

斜面天井式的天花板让人的注意力集中在客、餐厅

策略关键：

❶ 转换斜顶式与天井结合，侧漫光打出阴影，升高天花板

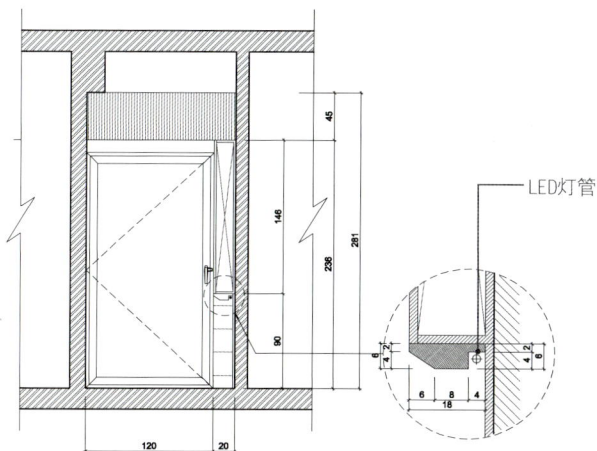

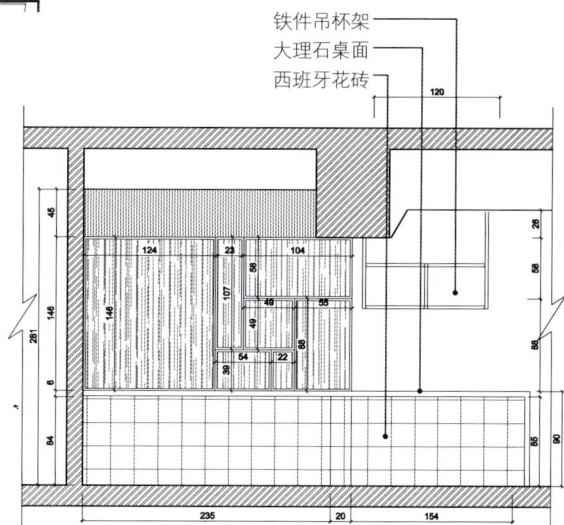

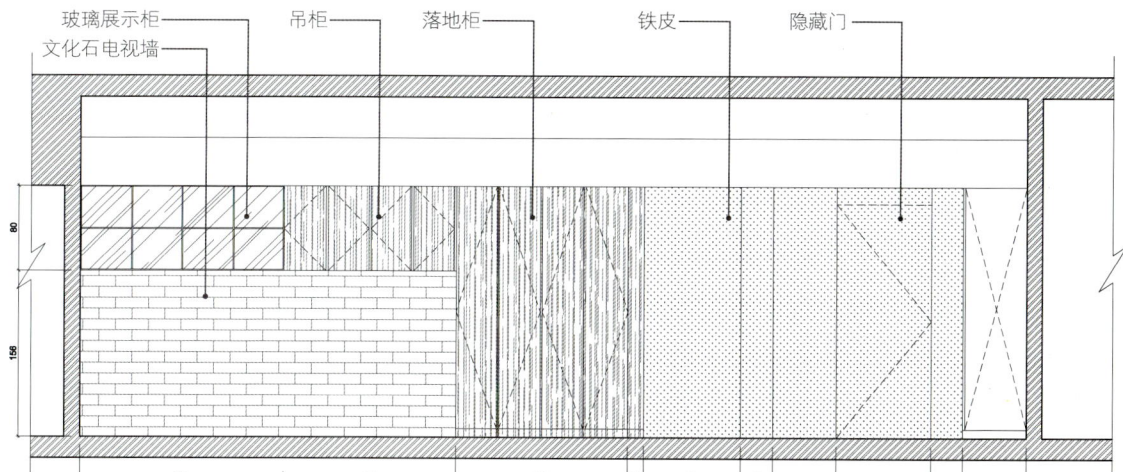

铁件吊杯架
大理石桌面
西班牙花砖

LED灯管

玻璃展示柜 ——
文化石电视墙 ——
吊柜 ——
落地柜 ——
铁皮 ——
隐藏门 ——

带状天花板隐藏管线问题，
成为空间中的亮丽焦点

　　两房一厅的格局，43平方米的面积，设定为出租使用，考虑到以上条件，本案例的室内装修走中性精品饭店风，并带有温馨的气氛，天花板设计亦要与之配合，不设主灯，仅安置嵌灯让空间显得干净完整。天花板周边则使用木格栅拉升视觉效果，表面涂上奶油色喷漆，让空间散发出甜蜜的味道，也与业主想强调的温馨元素相呼应。更特别的是，厨房天花板顺着格局动线做出折角造型，虽然内部隐藏空调主机与管线，但带状天花板充分起到转移注意力的作用，甚至进一步成为空间中最亮丽的焦点。同时冷气线型出风口也设置在带状天花板内，随着天花板一路转折向前，带出简约利落的时尚感。

[思为设计SW Design]
Designer:徐文芝Winnie & 施翔腾Shawn

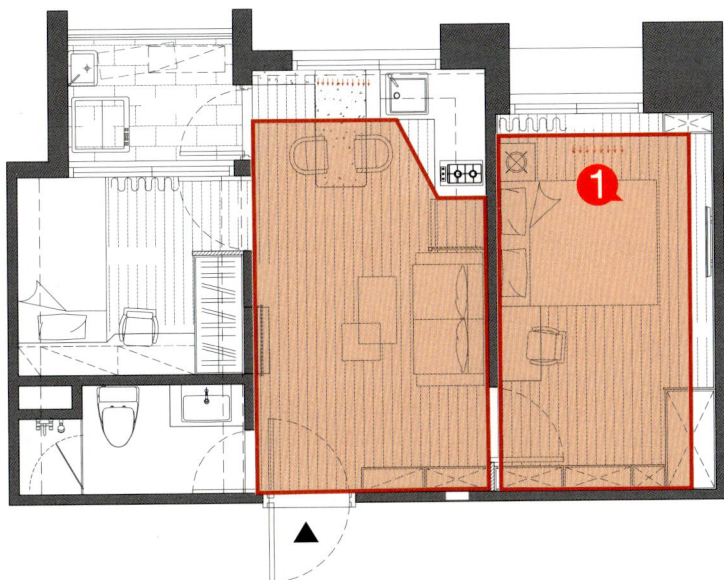

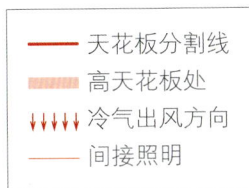

为顺应边角较多的餐厅格局，只选择在餐桌上方的天花板做出造型

策略关键：

❶天花板花饰边条、出风口结合趣味设计

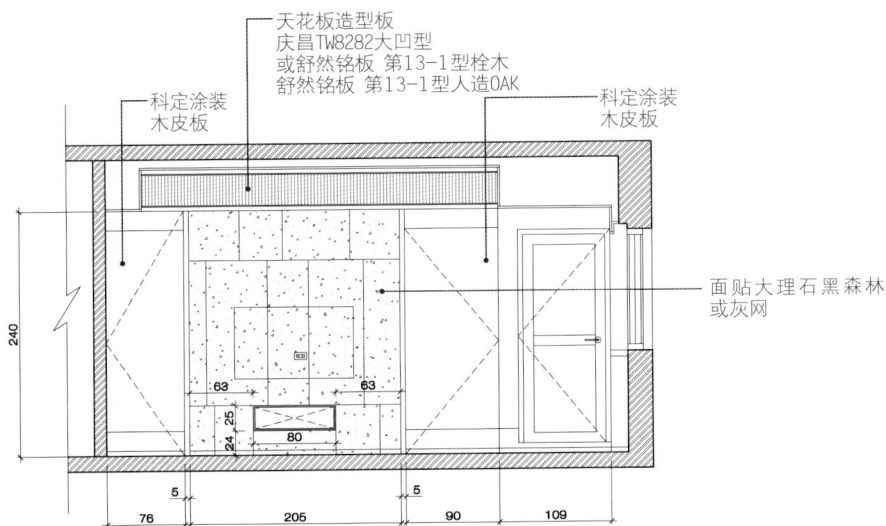

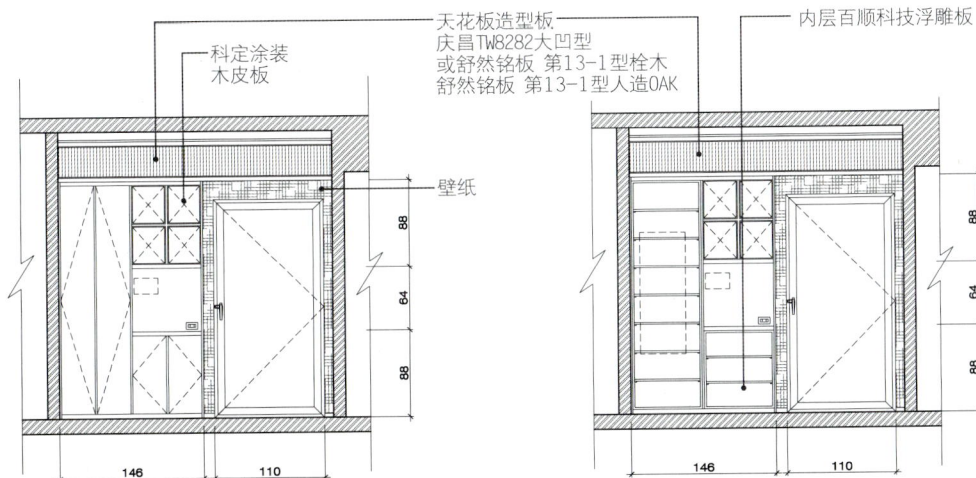

天花板造型板
庆昌TW8282大凹型
或舒然铭板 第13-1型栓木
舒然铭板 第13-1型人造OAK

科定涂装
木皮板

科定涂装
木皮板

面贴大理石黑森林
或灰网

240

63   63

24 25

80

5   5

76   205   90   109

科定涂装
木皮板

天花板造型板
庆昌TW8282大凹型
或舒然铭板 第13-1型栓木
舒然铭板 第13-1型人造OAK

内层百顺科技浮雕板

壁纸

88

64

88

88

64

88

146   110

146   110

[思为设计 SW Design]
Designer: 徐文芝 Winnie & 施翔腾 Shawn

SW Design

以施华洛世奇水晶吊灯
为中心展开的沉稳天花板

业主年纪较长，偏爱低彩度的华丽风格，所以设计师针对"餐厅"这个一家人最常共聚的区域，在天花板装设施华洛世奇的大型水晶吊灯，营造气势惊人的五星级饭店氛围。水晶灯采用椭圆造型，借此与室内其他区域的方形天花板做出区分，强调区域独特性。天花板造型也以水晶灯为中心展开，吊灯基座为突出的椭圆形，外层再以一圈更大的椭圆包围，最外侧以笔直的线条与周边天花板相连，繁复的设计衬托出餐厅的尊贵气息，水晶灯与线板的结合其实也创造出返璞归真的美学意境。此外，天花板中心处的椭圆形线条除了美学考量之外，也刻意借由柔和的线条避免过于锐利的角度，造成心理上的不适。

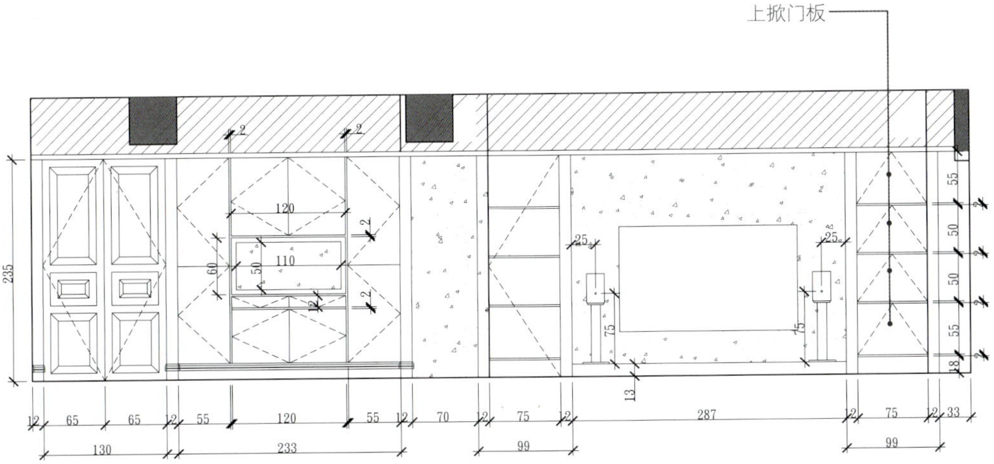

上掀门板

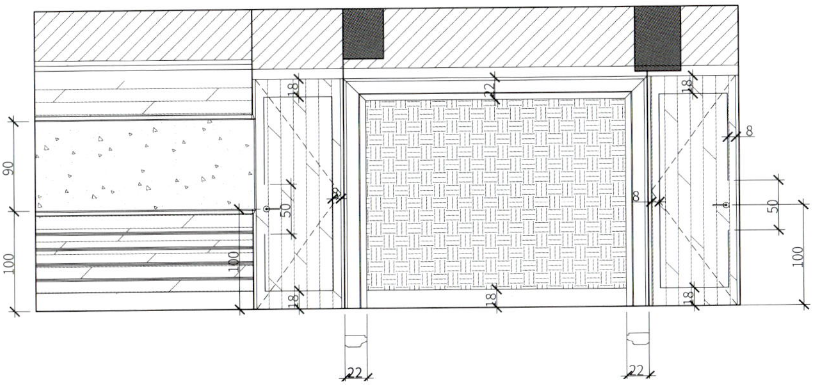

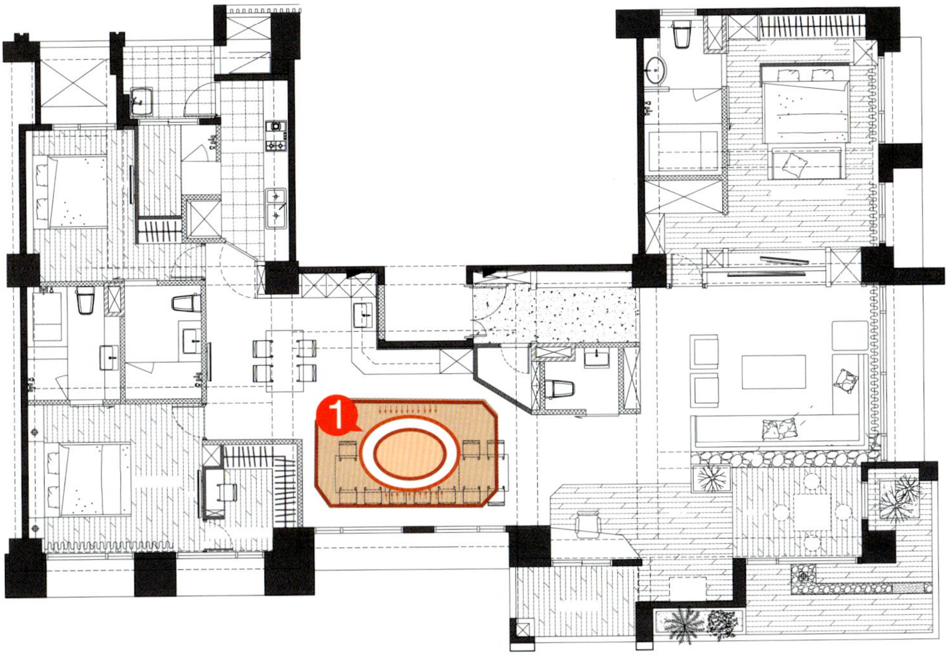

天花板分割线
高天花板处
↓↓↓↓ 冷气出风方向
间接照明

Ⴖ型格局的中段安排成餐厅区，因此强调圆满的造型稳定此区，让左右两边都以此为中心点

策略关键：
❶降低区安装出风口

SW Design

纯正美式古典圆拱造型，搭配壁纸赋予空间立体感

业主喜爱美式风格，希望在餐厅营造优雅豪华的气质，天花板强调美式古典风情。此案的空间大，格局方正，所以采用对称概念让餐厅与客厅的天花板位于同一中轴线上。设计师在四个角落设计圆拱造型，并利用多层次线板不断向上堆叠，通过力道逐渐加强的设计技巧，让视觉感更为紧凑。冷气出风口设置于线板内，与天花板合而为一，让人丝毫察觉不到空调主机就隐藏其中，外观也因此更加完整。天花板顺着圆拱的线板慢慢往上抬升高度，回到最原始的挑高，搭配明亮的采光，让人在用餐时能够自然保有悠闲好心情。另外在顶部天花板周边留出一条灰色带，色带以壁纸覆盖，一来与下方餐柜做搭配，二来天花板所使用的壁纸与墙面相同，也起到了相互呼应的作用，赋予空间更具动态的立体感。

【思为设计SW Design】

Designer:徐文芝Winnie & 施翔腾Shawn

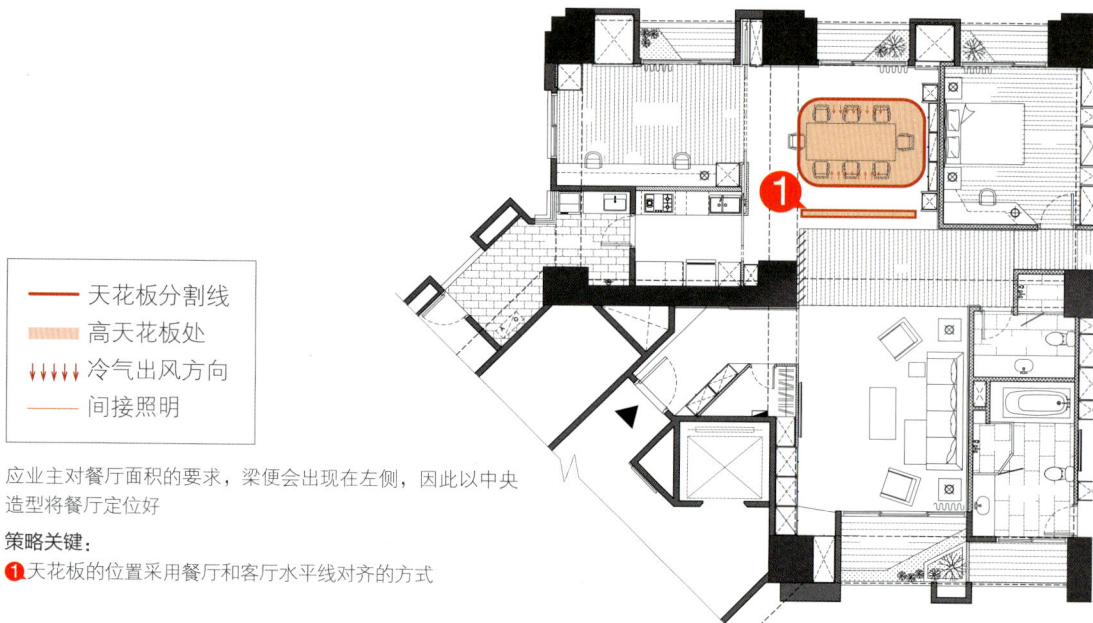

——	天花板分割线
▦▦▦	高天花板处
↓↓↓↓↓	冷气出风方向
——	间接照明

应业主对餐厅面积的要求，梁便会出现在左侧，因此以中央造型将餐厅定位好

策略关键：
❶ 天花板的位置采用餐厅和客厅水平线对齐的方式

电视柜　　墙壁贴磁砖
博灵顿灰L80×80cm　　强化玻璃

240　　226　　150

39　2　38　2　38　2　38　2　39

铁木刀痕多层钢刷
木皮染色喷漆

磁砖切45°角

102　52　63

150　　217

壁纸　　灰玻璃

60　60　208　60　60

24

136

15.4

56

15

法式喷漆

68　8　44　50　8　46　46　8　50　8　44　8　60

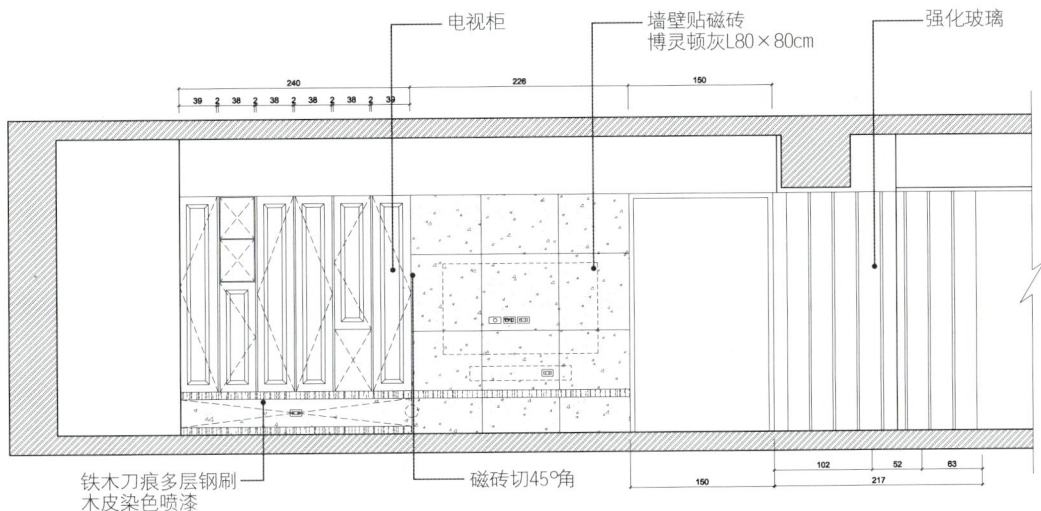

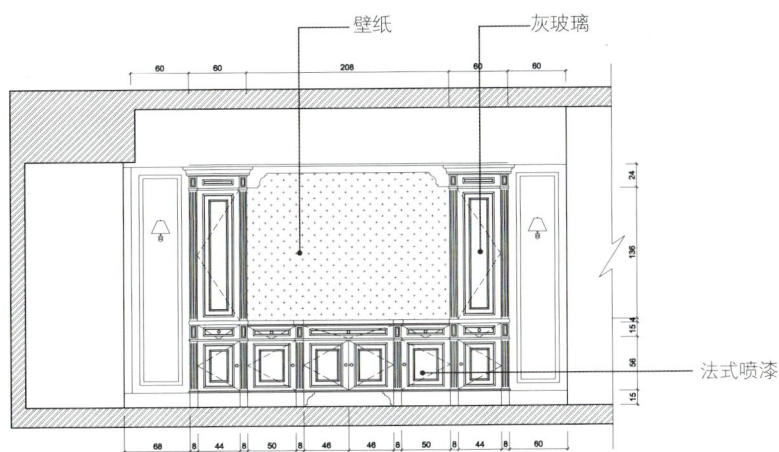

天花板角落饰以多层次线板，通过逐渐堆叠向上的手法展现优雅
动人的纯粹美学

天花板的灰带其实是壁纸，如果不细看其实不会发现，简单的布置却能让
天花板与墙壁产生连结，这正是设计的巧妙之处

SW Design

实木皮、茶镜共构而成，
打造乐活度假屋

　　挑高 3.4 米的度假屋，客厅与餐厅交会处的Π字型过道，既是天花板的转化，也以拱门的形式分隔两个区域。这一道长形天花板贴上铁刀木皮并搭配茶镜，虽内部隐藏空调主机高度被降低，但由于茶镜反射将压迫感消弭于无形中。顺着天花板弯折往下便成为拱门的"柱"，茶镜顺势而下，镜内是储物柜，实用性大幅提升；而这座拱门更担任区域转换作用，串起两处空间。天花板茶镜所映照出的地面景观衍生出另类的奇妙视觉感受，借由虚与实的对应，为度假生活增添不少意料之外的乐趣。

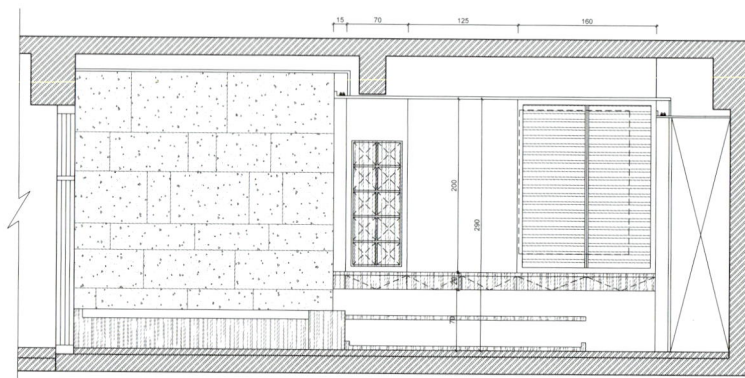

[思为设计SW Design]
Designer:徐文芝Winnie & 施翔腾Shawn

室内空间小，设计师在室内中央处设置可旋转的电视架，让业主无论身在客厅还是餐厅都能看得到，十分便利

图例：
- 天花板分割线
- 高天花板处
- 冷气出风方向
- 间接照明

略低于餐厅与客厅两处的长型天花板，刚好形成一个向下聚焦的空间分界

策略关键：

❶ 刻意多出的空间做出一个储藏柜

造型门把

隐藏把手斜角处理

木作天花板
门框及门片喷漆

间接照明

6mm强化茶玻

明镜镜柜

墙面贴咖啡绒花岗石

木作柜
面贴丁香多层钢
刷木皮(直纹)

咖啡绒花岗石台面

2cm分割缝

1分(3mm)分割缝

木作柜面贴木皮发泡板桶身

架高木地板
间接照明

大理石门槛

Ming Day Interior Design

高低错落的天花板高度，
创造层次感空间效果

卧室屋顶存在非常明显的大梁，针对此难题，设计师摒弃传统封顶的方式，通过高低错落的线板予以修饰，再加上嵌灯的辅助，反而因为室内高矮不同的天花板，创造出更富层次感的空间效果。并且天花板与露出的横梁都漆成白色，在视觉上营造出一种缩小建材体积，放大格局面积的感受，将压迫感消弭于无形，只留下透明轻盈的感受。白色天花板也与磨石子地板及实木窗台卧榻相呼应，相似的浅色系共同营造轻松惬意且有浓郁文青风的休憩环境。

[明代室内设计Ming Day Interior Design]
Designer:明代设计团队

天花板与地板、卧榻相呼应，素雅用色令人感到简约轻松，为卧室的休憩作用加分不少

天花板采用高低差设计，不刻意隐藏大梁，反倒借此轻易化解大梁所带来的压迫感，还营造了更丰富的空间层次

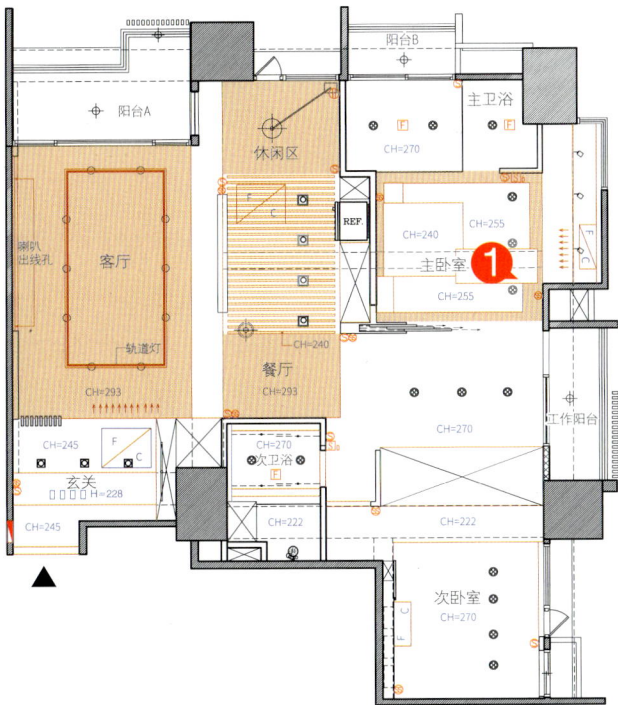

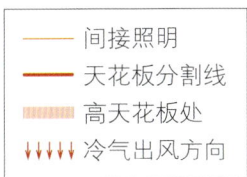

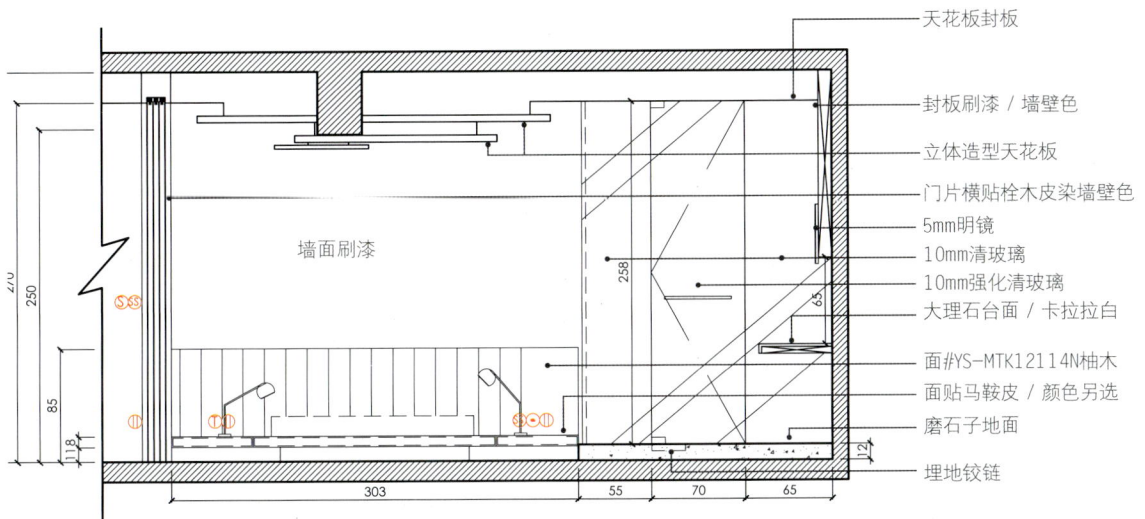

房屋上方有横梁，舍弃了会让空间显得更小的封顶式，改以片状层叠的轻盈手法

策略关键：

❶ 三层大小不同的片状天花板修饰梁，看出设计精炼的思考

图例：
- ─── 间接照明
- ─── 天花板分割线
- ▨▨▨ 高天花板处
- ↓↓↓↓ 冷气出风方向

平面图标注：
- 阳台A
- 阳台B
- 主卫浴 CH=270
- 休闲区
- 客厅 CH=293
- 喇叭出线孔
- 轨道灯
- 餐厅 CH=293
- REF.
- CH=240
- CH=255
- 主卧室 ❶ CH=255
- CH=240
- CH=270
- 工作阳台
- CH=245
- 次卫浴 CH=270
- 玄关 H=228
- CH=245
- CH=222
- CH=222
- 次卧室 CH=270

剖面图标注（右侧）：
- 天花板封板
- 封板刷漆／墙壁色
- 立体造型天花板
- 门片横贴栓木皮染墙壁色
- 5mm明镜
- 10mm清玻璃
- 10mm强化清玻璃
- 大理石台面／卡拉拉白
- 面#YS-MTK12114N柚木
- 面贴马鞍皮／颜色另选
- 磨石子地面
- 埋地铰链

剖面图尺寸：
- 墙面刷漆
- 250
- 85
- 118
- 303
- 55
- 70
- 65
- 258
- 65
- 12

Ming Day Interior Design

以最低限度保留原始状态，
加装轨道灯增添变化

　　业主自己一个人住，喜爱简单朴素的风格，于是设计师尽量在不干扰结构的情况下进行天花板装修工程。玄关加钉天花板，以遮蔽大梁，客厅天花板保留原始状态，仅涂上白漆，外露的消防管线表面也刷白，以维持整体一致性；同时加装轨道灯，可依照使用者的需求随意调整角度，为空间增添更实用的照明功能。另一方面，餐厅天花板规划白色木格栅，吊隐式空调主机放置于上方，并安装间接灯光，让人可从缝隙中向上看出去，营造穿透又轻盈的视觉效果，也借由这样的设计将焦点集中于餐厅，创造出独特且悠闲舒适的用餐环境。

【明代室内设计Ming Day Interior Design】
Designer:明代设计团队

餐厅天花板采用白色木格栅，呈现清爽利落的质感，也让人联想起大海白浪滔滔的形象，彰显用餐区的独特风貌

客厅天花板保留原始结构，让管线刻意裸露，除了可降低预算之外，也能争取挑高，并创造强烈的个性和风格

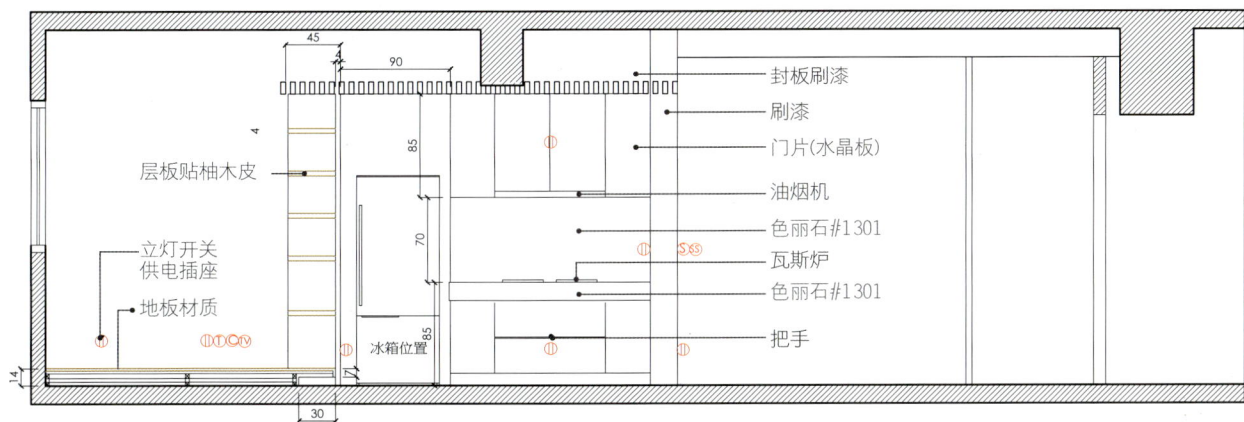

层板贴柚木皮

立灯开关
供电插座

地板材质

冰箱位置

封板刷漆

刷漆

门片(水晶板)

油烟机

色丽石#1301

瓦斯炉

色丽石#1301

把手

利用天花板凹槽与错置盒灯，
简约设计也能拥有温馨机能宅

　　业主是一对年轻夫妻，习惯明快利落的生活节奏，两人都喜爱简约自然的风格，不想空间中存在过于复杂的造型，因此起初设计师想的就是以简单清爽的概念来装修天花板。于是以硅酸钙板将原始结构包覆，利用简洁的外观打造干净利落的印象，也能顺便将所有管线隐藏起来，避免杂乱。此外，设计师在天花板上做出几个大小、深浅不一的凹槽，并且规划嵌灯、盒灯，也利用半封顶的天花板将其上的管线、消防喷淋头隐藏起来。通过这样的设计，一来彰显细节，二来利用盒灯取代主灯，既保有照明功效，视觉效果也更为清爽。吧台区上方因为有大梁通过，所以降低天花板高度以便修饰。

【明代室内设计Ming Day Interior Design】
Designer:明代设计团队

天花板以简单的方式进行规划

客厅与吧台利用双方天花板的高低差，形成一道隐形却明显的界线，为住宅描绘出清楚的格局动线

吧台区的天花板降低，以有效隐藏上方经过的大梁，借由筒灯的装设，转移使用者注意力，有效化解压迫感

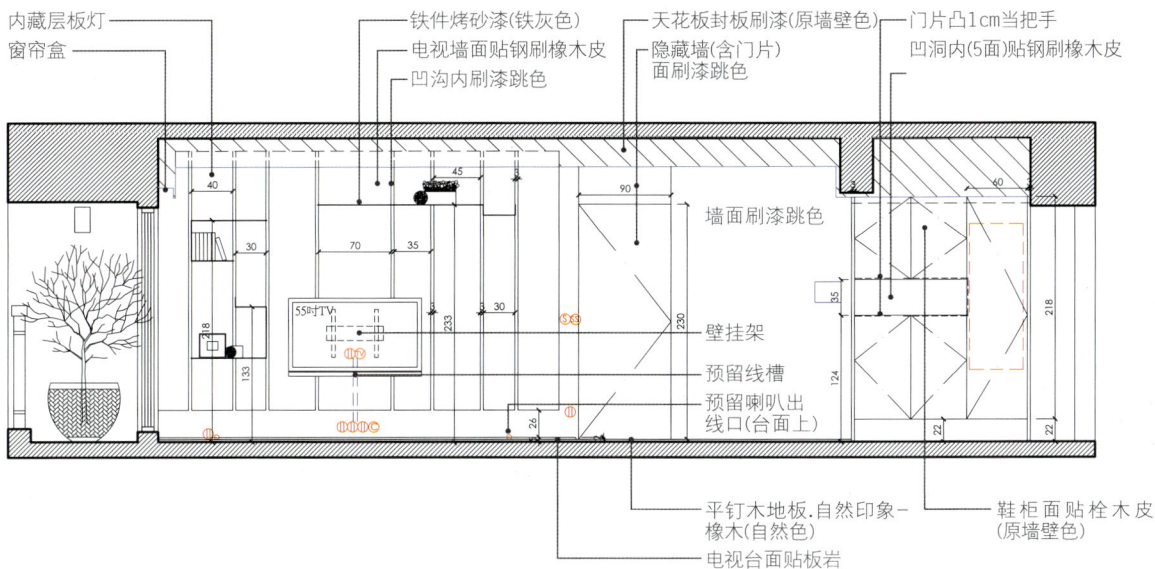

图例

☐	灯具
—	间接照明
━	天花板分割线
/////	高天花板处
↓↓↓↓	冷气出风方向

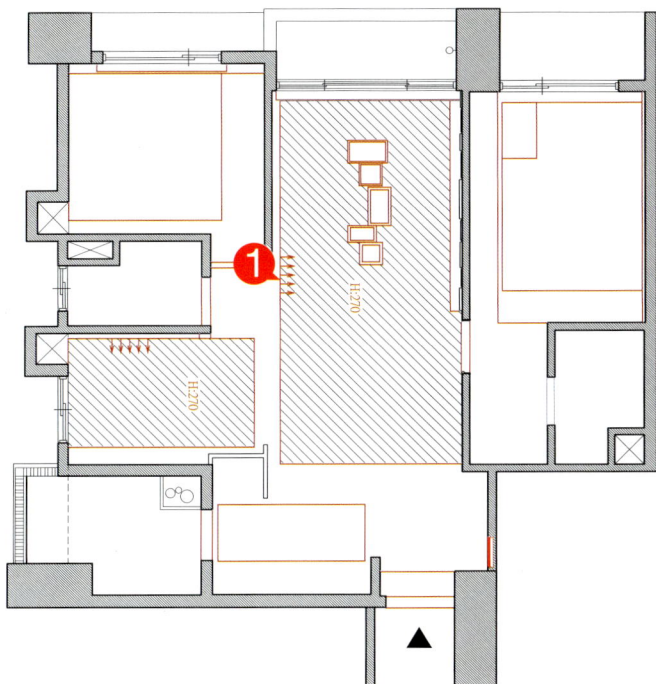

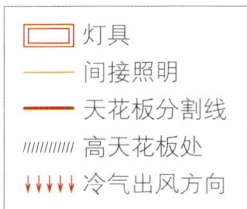

以两段式修饰大梁，但是保留客厅与中岛区的分界。在天花板加装筒灯，通过高低落差所形成的隐形界线，自然而然地将客厅与吧台区隔开来，创造更多元丰富的空间机能。

策略关键：

❶ 分离式空调前方的造型距离需加入足够的出风与回风空间

标注

内藏层板灯
窗帘盒

铁件烤砂漆(铁灰色)
电视墙面贴钢刷橡木皮
凹沟内刷漆跳色

天花板封板刷漆(原墙壁色)
隐藏墙(含门片)
面刷漆跳色

门片凸1cm当把手
凹洞内(5面)贴钢刷橡木皮

墙面刷漆跳色

壁挂架
预留线槽
预留喇叭出线口(台面上)

55吋TV

平钉木地板.自然印象－橡木(自然色)

电视台面贴板岩

鞋柜面贴栓木皮(原墙壁色)

柔和光源自云朵溢出，
拥有可爱梦幻气氛

　　人生不只柴米油盐。如果能在住宅空间添加一些浪漫幻想，生活会更加有趣。设计师以圆弧形天花板来中和现代感，让居住环境的灯光更柔和，进而使居住者拥有更舒适的居住品质。圆弧形的天花板是由师傅采用手工方式，将一片片木板切割出相对应的弧度之后，直立固定于模具上，并以木条一圈一圈拼黏制成的；完工后将其固定于屋顶，中央处规划一个圆形开口，做为主灯悬挂处，最后补上白漆，再挂上造型吊灯，便营造出温馨浪漫的用餐氛围。而圆弧形天花板既像云朵也像山峰，在天花板顶部间接光源的衬托下，散发出如梦似幻的奇妙感受。

[禾光室内装修设计有限公司Herguang Interior Design]
Designer:郑桦、罗孝立、吴育菁

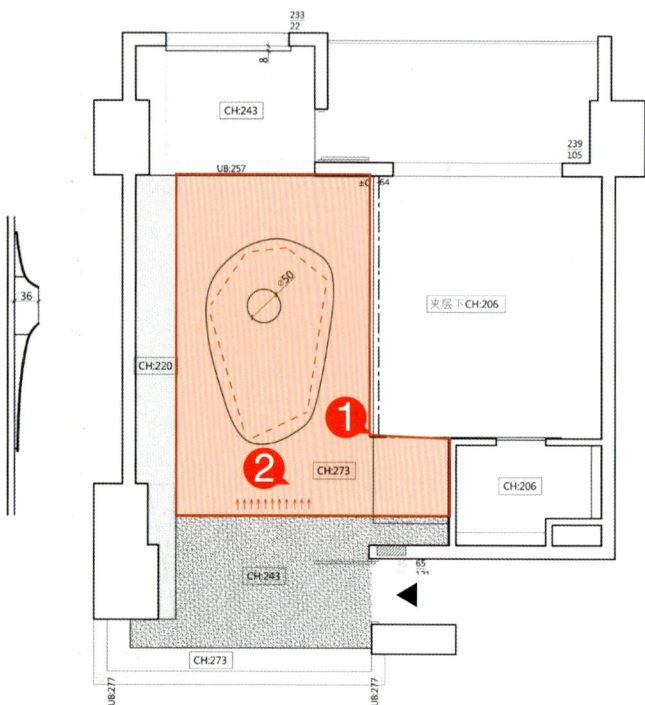

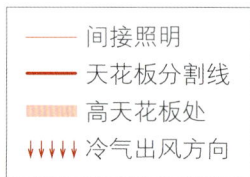

—— 间接照明	
—— 天花板分割线	
▨ 高天花板处	
↓↓↓↓ 冷气出风方向	

情境式漫光照明有效呈现圆弧的立体感

策略关键：
❶ 窄缝灯光令下方造型较暗，更有立体感
❷ 空调出风口

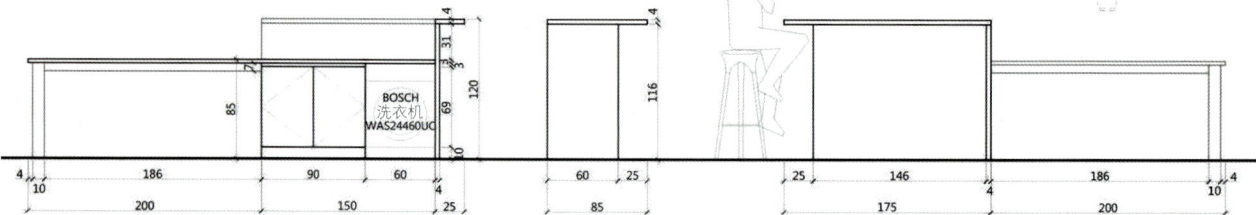

Herguang Interior Design

木格栅包覆嵌灯流泻黄光，
室内也有温柔表情

由于公共区域的面积非常宽广，加上业主不喜欢空间受到阻碍，因此在地坪、立面都没有特别分隔功能的情况下，只能通过天花板设计将公共区域的界线加以划分。整面天花板以硅酸钙板加以包覆，平滑的表面本身就具备一种朴素的美感，同时也将空调主机、维修孔都隐藏其中，出风口的存在反而成为一道特殊的风景。而在客厅与餐厅上方的天花板，设计师刻意设置木格栅并搭配嵌灯，让光线从上方洒落，不仅突显了格栅的存在，也让格栅具备更鲜明的特色，足以成为客厅与餐厅的隐形分界线，既保持了公共区域的完整性，也让两处空间拥有清楚却毫无压迫感的区隔。并且天花板在两侧尾端以圆弧造型收边，替住宅营造圆满柔和的舒适气氛。

[禾光室内装修设计有限公司Herguang Interior Design]
Designer:郑桦、罗孝立、吴育菁

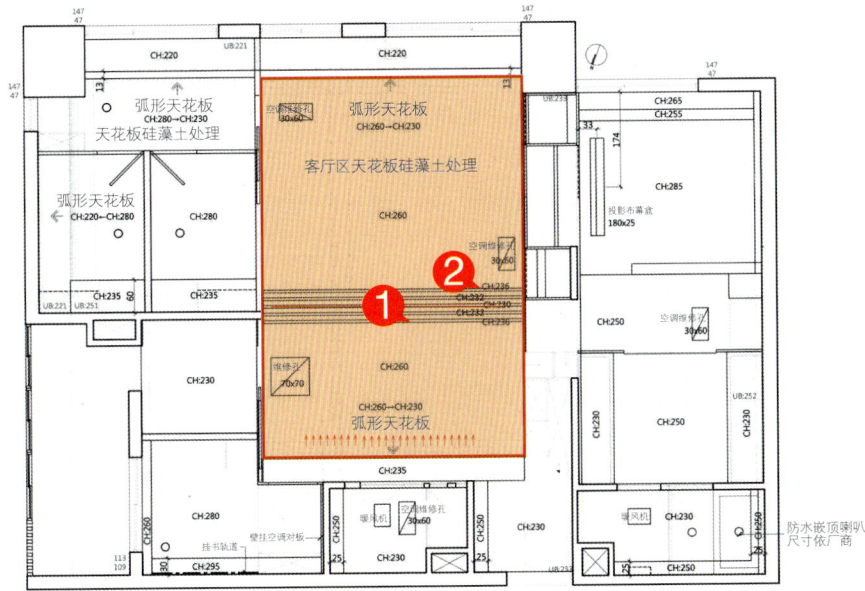

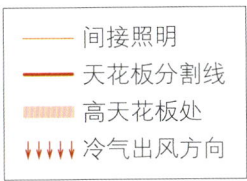

为了保留原屋高，只在大梁处以格栅修饰，达到水平整齐的视觉效果

策略关键：
❶ 以漫光向上投射，模糊格栅内藏有大梁的秘密
❷ 格栅面暗部明显，侧面漫光有照明效果

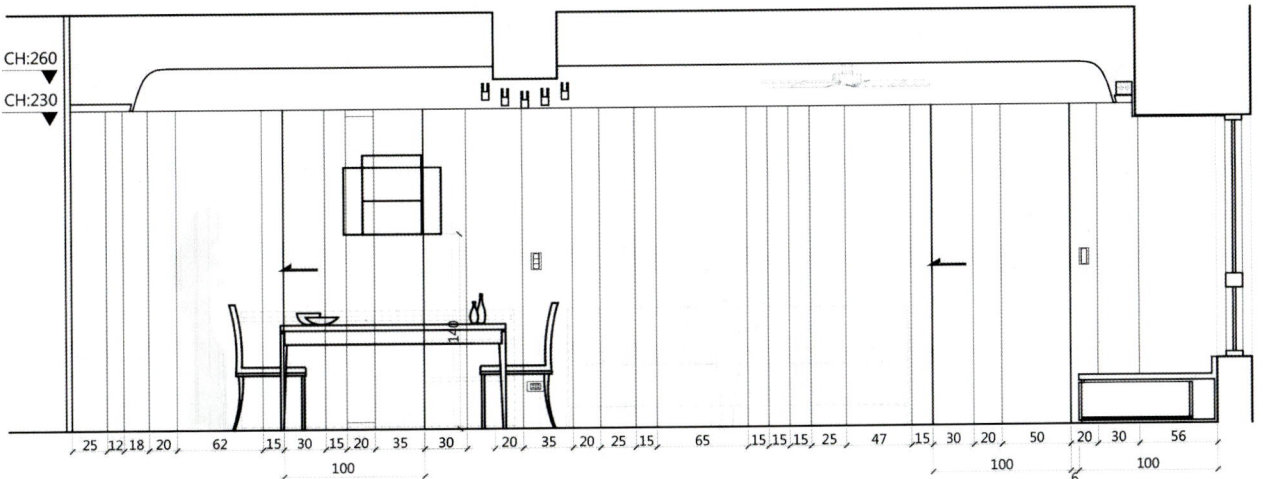

图例：
—— 间接照明
—— 天花板分割线
░░ 高天花板处
↓↓↓↓↓ 冷气出风方向

地坪完成面 ±0

【禾光室内装修设计有限公司Herguang Interior Design】
Designer:郑桦、罗孝立、吴育菁

Herguang Interior Design
浪漫的波浪造型天花板，
巧妙隐藏空调位置

　　考虑到室内的格局及业主的喜好，设计师计划营造出一种简单自然但又让人印象深刻的风格。于是天花板除了以纯白色表现之外，也摒弃了一般住宅直接封顶的造型，而是改用一边高、一边低的波浪设计。位置较高的浪尾部分隐藏了空调主机，并规划冷气出风口，不仅达到节省空间的效果，还争取到挑高，令空间尺度更显开阔。位置较低的浪头部分以圆弧造型收边，与电视墙的弧线相呼应，营造更完整且首尾相连的视觉感受。此外，圆弧线板上方还装设间接灯光，光线并不明亮，但恰好能将沙发主墙染上一片金黄，为住宅环境增添温馨而迷人的浪漫气息。

天花边上的大梁靠近沙发背墙，所以用圆弧天花收边来修饰，靠墙处可以投射灯光，让空间看起来更为柔和

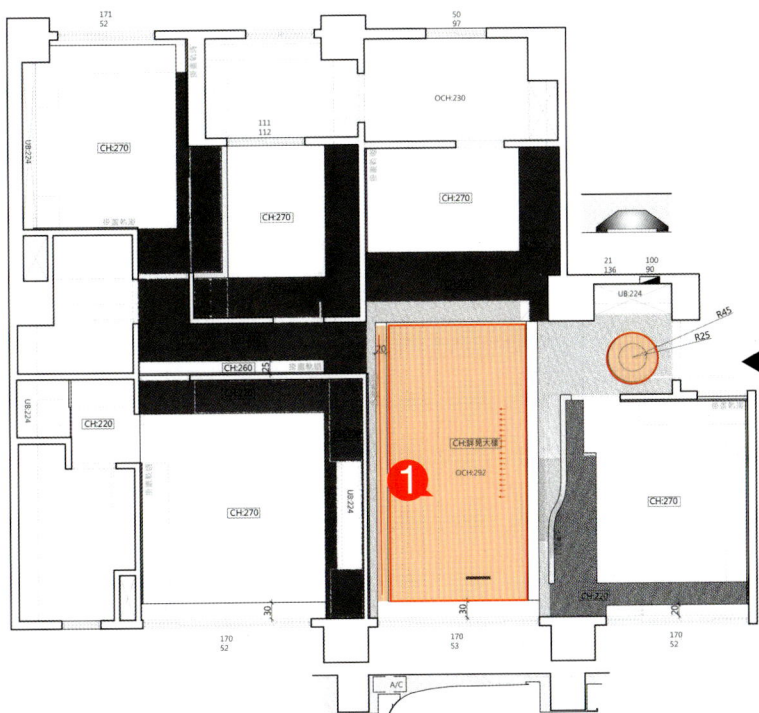

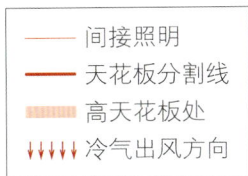

间接照明	
天花板分割线	
高天花板处	
↓↓↓↓ 冷气出风方向	

曲状天花板造型收尾处转移对局部大柱的注意力

策略关键：

❶脱开式处理手法安置漫光间接照明，提供了白墙的情境光源

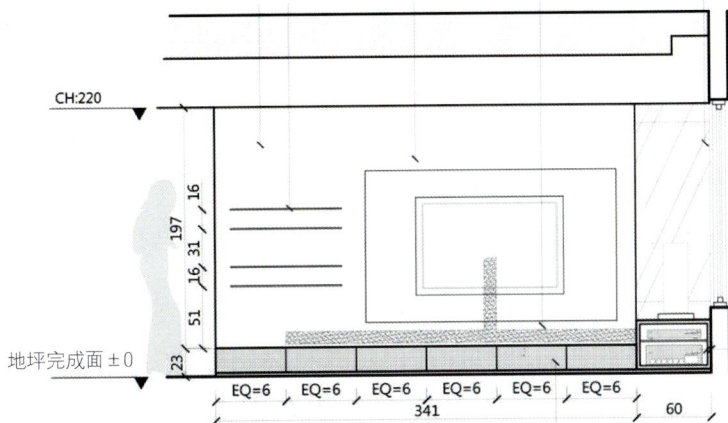

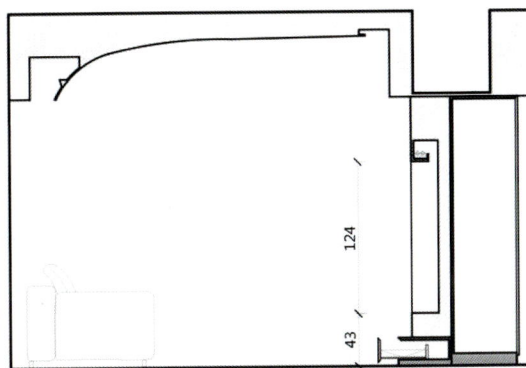

CH:220

197

16

16 31

51

23

地坪完成面 ±0

EQ=6　EQ=6　EQ=6　EQ=6　EQ=6　EQ=6

341

60

124

43

43

抽屉柜与机柜面贴栓木皮并喷漆

素雅天花板突出一道双弧线开口，
为室内空间增添细节

　　德国著名设计师 Ludwig Mies van der Rohe 曾说过 "Less is more（少即是多）"，此空间充分验证了这句话。简洁的天花板深得简约美学的真谛，没有累赘的线条与华丽繁复的造型，冷气维修孔、出风口、盒灯、嵌灯依序排列整齐，在纯白色漆的衬托下，简单到让人无法忘怀，充满纯粹独特的个性和品味。天花板向四面八方展开，在有限空间内创造出无限视觉延伸，让一家人的烦忧及疲累自然而然地消失。更值得一提的是，设计师在客厅与餐厅的天花板交会处做出一道双弧线开口，就像在一片平原中突然拱起一座丘陵。这道开口为空间增添了更丰富动人的细节，而两个空间的差异性也由此突显。

[禾光室内装修设计有限公司Herguang Interior Design]
Designer:郑桦、罗孝立、吴育菁

图例	
——	间接照明
——	天花板分割线
▨	高天花板处
↓↓↓↓	冷气出风方向

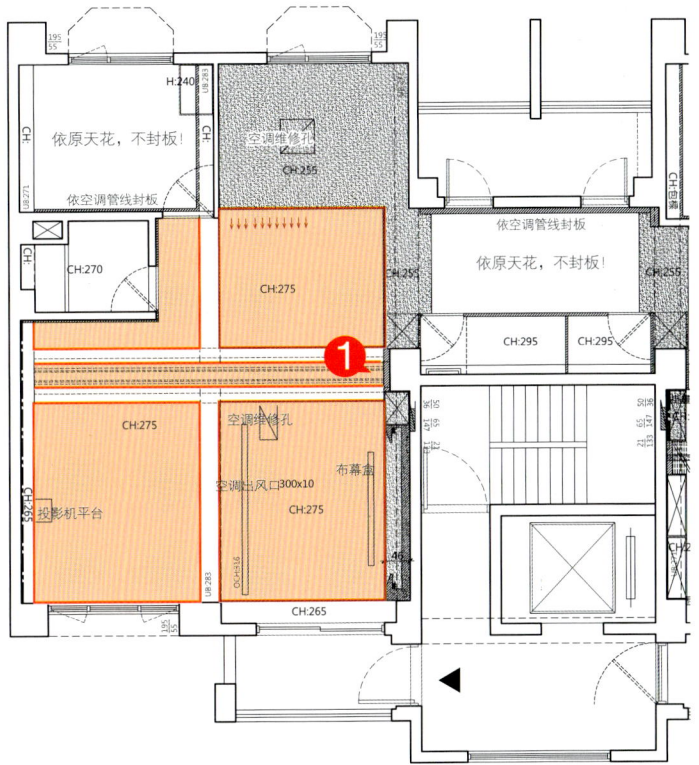

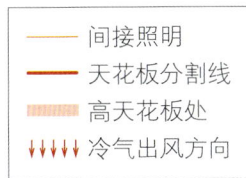

利用梁的位置增加天花板造型感，这是设计师简洁又有趣的手法

策略关键：

❶ 双倒折板块和梁之间的衔接细节藏在暗部，看不到界面收口

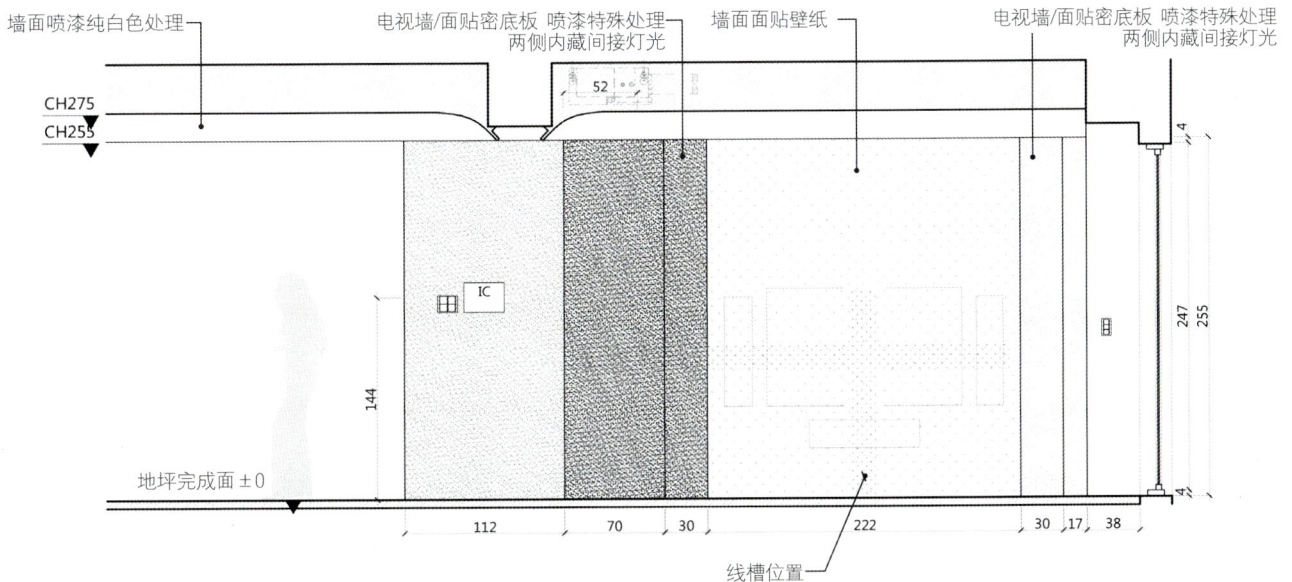

墙面喷漆纯白色处理

电视墙/面贴密底板 喷漆特殊处理 两侧内藏间接灯光

墙面面贴壁纸

电视墙/面贴密底板 喷漆特殊处理 两侧内藏间接灯光

CH275
CH255

52

IC

144

247
255

4

地坪完成面 ±0

112 70 30 222 30 17 38

线槽位置

Herguang Interior Design

仿天井设计天花板，
强化空间明确性

这是一间休闲度假屋，业主希望全家人来到这里时能够远离
3C 产品（计算机、通信和消费类电子产品），将注意力集中在情
感交流及阅读书籍上，所以室内设计风格以此展开，天花板也不例
外。入门吧台区是业主相当重视的区域，于是此区的天花板设计与
其他区不同，在此做出木格栅，借此衬托吧台的独特性。但为了避
免格栅给下方使用者带来压迫感，又在格栅上方加装灯具，让格栅
区成为一条光带，营造出如同天井般的视觉效果，空间的重心由此
彰显。

[禾光室内装修设计有限公司Herguang Interior Design]
Designer: 郑桦、罗孝立、吴育菁

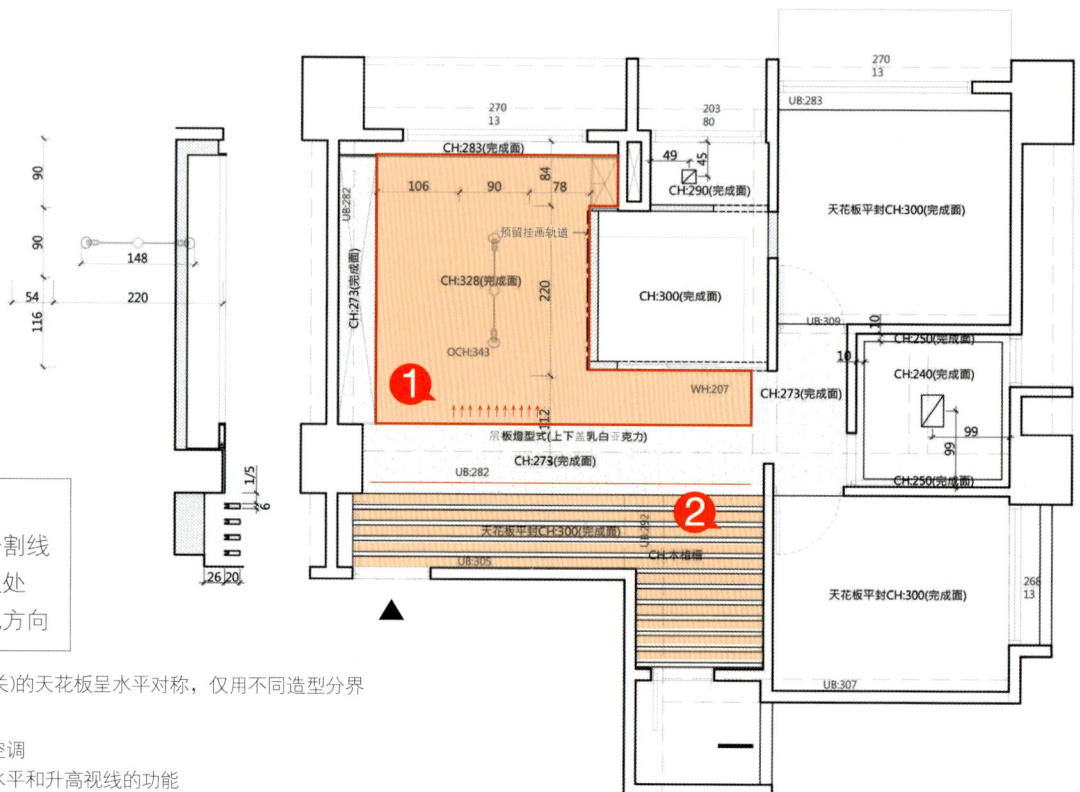

图例：
—— 间接照明
—— 天花板分割线
▒▒▒ 高天花板处
↓↓↓↓ 冷气出风方向

客厅区与吧台区(玄关)的天花板呈水平对称，仅用不同造型分界

策略关键：
❶ 平顶式收梁安排空调
❷ 白格栅兼具收齐水平和升高视线的功能

间隔/面喷漆纯白色处理
墙面喷漆纯白色处理
天花板内藏T5间接灯＋上下盖乳白亚克力
走道
200
地坪完成面±0
厨物柜/面贴木皮 栓木
20　70　　　206　　　120

墙面喷漆纯白色处理
20
4 20 4 20 4 20 4
100
96
吧台位置
IC
原有大门
83　20　　　264　　　100

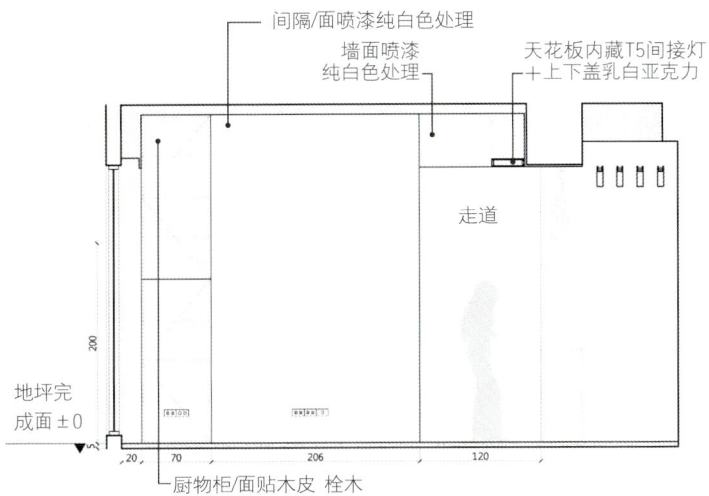

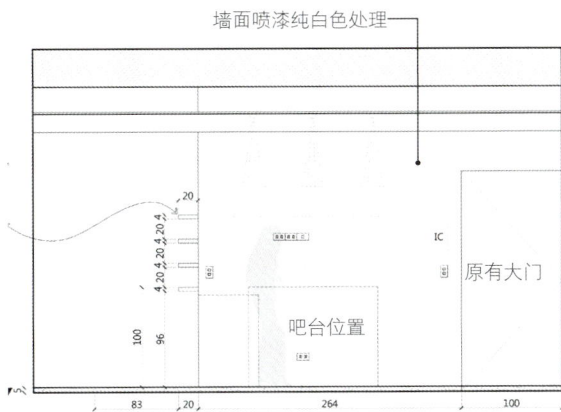

大梁位于木格栅旁，借由封顶天花板修饰转移对大梁的注意。吧台区天花板则以木格栅设计，营造出仿天井的效果创造挑高。三盏造型主灯的搭配强化此处空间

[禾光室内装修设计有限公司Herguang Interior Design]
Designer:郑桦、罗孝立、吴育菁

Herguang Interior Design

微笑曲线+平顶天花板，
打造悠闲单身居所

　　一个人的单身生活，不用顾虑别人的看法，只要尽情做自己就好。因此业主希望室内所有的线条都要圆润柔和，以创造舒适且没有压力的生活品质。于是入口鞋柜以及客厅电视墙都采用圆弧造型，客厅天花板自然也不例外，从大门开始便设计出一道弧线与旁边的餐厅连结。弧形天花板的设计一是争取挑高，二是与电视墙和鞋柜的圆弧造型呼应。本案例选用吊隐式冷气，所以将主机、管线都放到餐厅，再以天花板造型修饰，所以餐厅区的天花板会变得较低，而将最高的天花板留给客厅。弧线天花板内隐藏冷气主机和横梁，并安装嵌灯，于是光带犹如一条微笑曲线，为空间营造悠闲放松的气氛。

图例

——	间接照明
——	天花板分割线
▨	高天花板处
↓↓↓↓	冷气出风方向

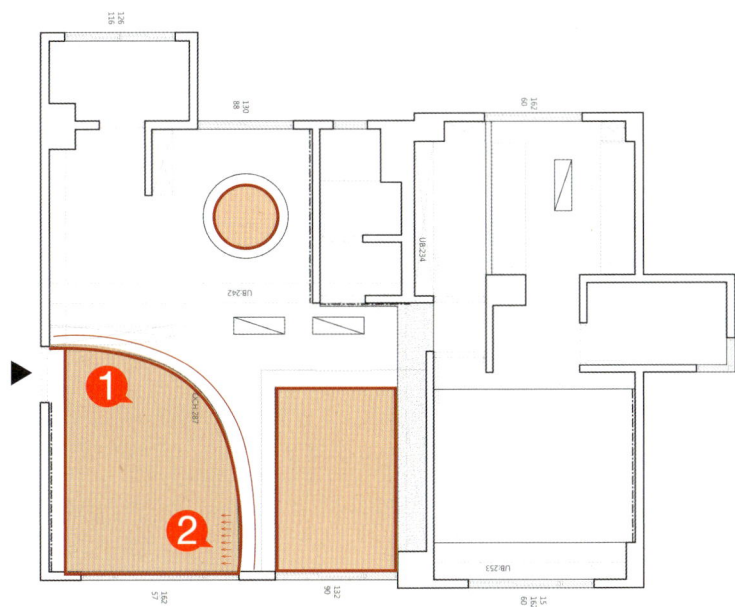

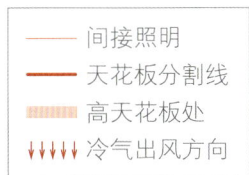

弧线之外的挑高区域，彻底保留原始格局的楼高，开启无拘无束的乐活步调。而从天花板到壁面都涂上白色漆，让视觉印象得以延续不中断，也营造出干净简约的气氛

策略关键：
❶ 在玄关与客厅合为一体的空间，使用挑高的圆弧天花界定范围
❷ 空调出风口藏在电视机上方

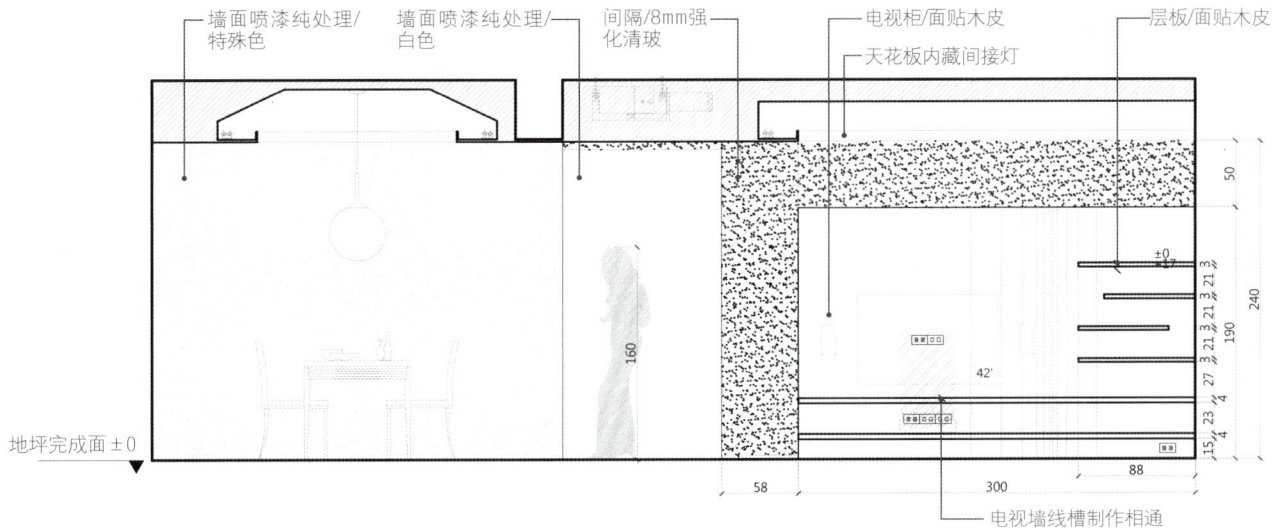

墙面喷漆纯处理/特殊色
墙面喷漆纯处理/白色
间隔/8mm强化清玻
电视柜/面贴木皮
天花板内藏间接灯
层板/面贴木皮

地坪完成面 ±0

电视墙线槽制作相通

天花板光带彷佛一抹微笑，展现出圆融亲切的气息，进而形成悠闲、慵懒的生活步调

Herguang Interior Design

翻页式天花板造型，
狭长型格局也有趣味与俏皮

一对新婚夫妇受限于预算及面积，想在平凡中打造独特而又与众不同的空间氛围。由于客厅至餐厅呈长方形格局，一个人身处其中容易感到狭窄拘束，甚至压迫。为此，设计师特别针对公共区域的天花板造型下功夫。屋顶天花板中央处由上往下向两边弯曲，犹如一本书翻开了新的篇章，独特设计不仅吸引所有人目光，还有效转移了人们对于原始格局的注意力，也为住宅增添浓郁的人文风情。通过这样的设计，除了能够在上方隐藏横梁、管线、空调主机等，让杂乱化整为零之外，开口处装设间接灯，通过暖黄灯光与室内的纯白色彩形成反差，创造出时尚轻盈且耐看的居家面貌。

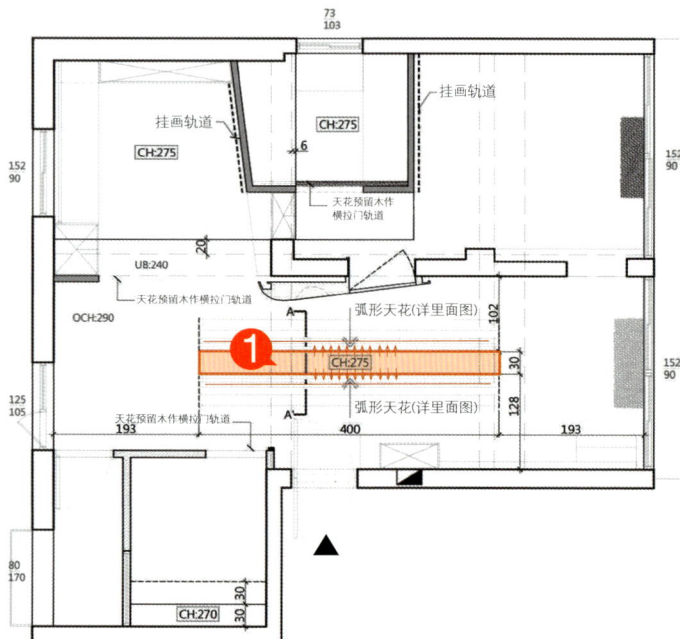

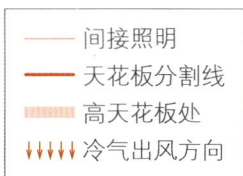

	间接照明
	天花板分割线
	高天花板处
↓↓↓↓	冷气出风方向

梁的走向和室内动线方向不合，必须以造型修整梁

策略关键：
❶ 漫光照明—开模糊大梁的存在感，位置为房屋的十字中轴线

玻璃门片暂不施作，预先预埋门片轨道
玻璃横拉门/强化喷砂玻璃
造型墙/面贴栓木皮 喷漆处理/白色
客厅背墙/面贴文化石 喷漆处理/白色
隔间内嵌强化 清玻璃

内藏嵌灯

地坪完成面 ±0

±0 ±0

隔间依放样

60   211   122   90   18   183   80   23

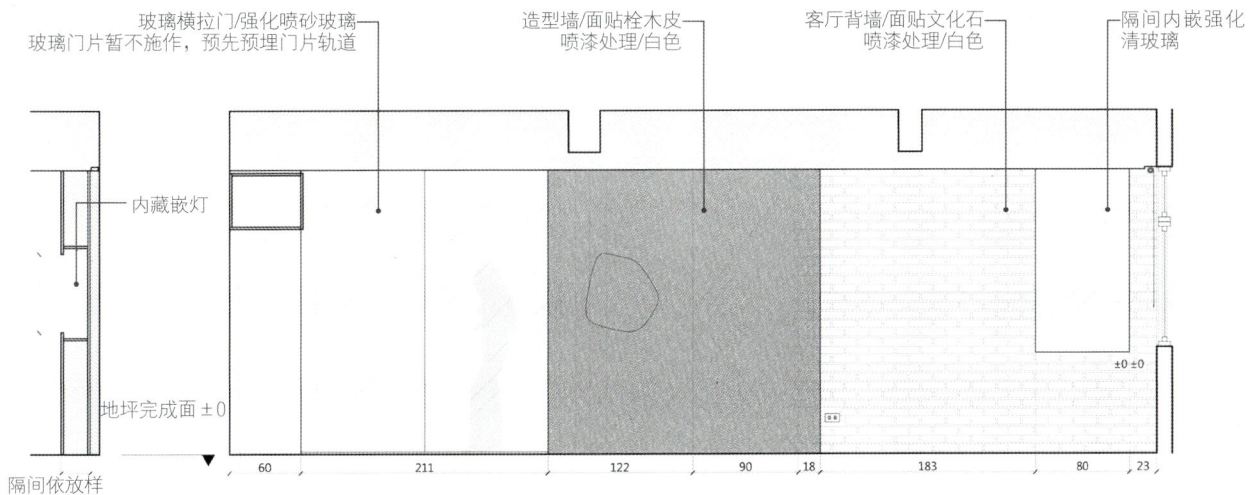

【禾光室内装修设计有限公司Herguang Interior Design】
Designer:郑桦、罗孝立、吴育菁

圆弧天花板开口处内部就是梁，同时在天花板内侧安装间接灯，这种方式修饰让人不会直接注意到梁的存在。除了做为照明，也是打造浪漫气氛的好帮手

23Design

冷调配件、简约设计，
老屋印象完美洗牌

　　老屋翻新，不仅是屋子的重生过程，也是使用者心态改变的过程。本案例中，业主希望不要有隔间墙，于是天花板的角色便加倍重要，一跃成为界定空间的关键要素。公共区域的天花板平整不花俏，为的就是通过最简单的设计让挑高达到最大值，给予一家人自在无拘束的生活感受。但如果全部维持这种状态未免太无趣，于是设计师在靠近电视墙的天花板处以木头与铁件做出格栅造型，贯穿整条廊道，令格局动线拥有明确的指引，格栅本身不规则的排列组合更成为别具特色的空间焦点。餐厅上方天花板也特别设置悬空储物柜，并将嵌灯结合其中，与格栅天花板形成交错配置。通过硬件的增添，强化餐厅的机能与存在感，借此与客厅做出分隔。

[二三设计23Design]

Designer:张佑纶、陈俊翰、温奕谦

餐厅上方的悬空储物柜，除了强化此区的收纳功能，也让公共领域多了一分木头独有的沉稳厚实

在没有隔间的空间中，天花板便要担任起界定区域的角色。

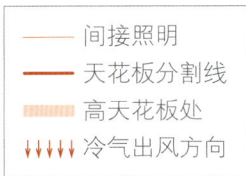

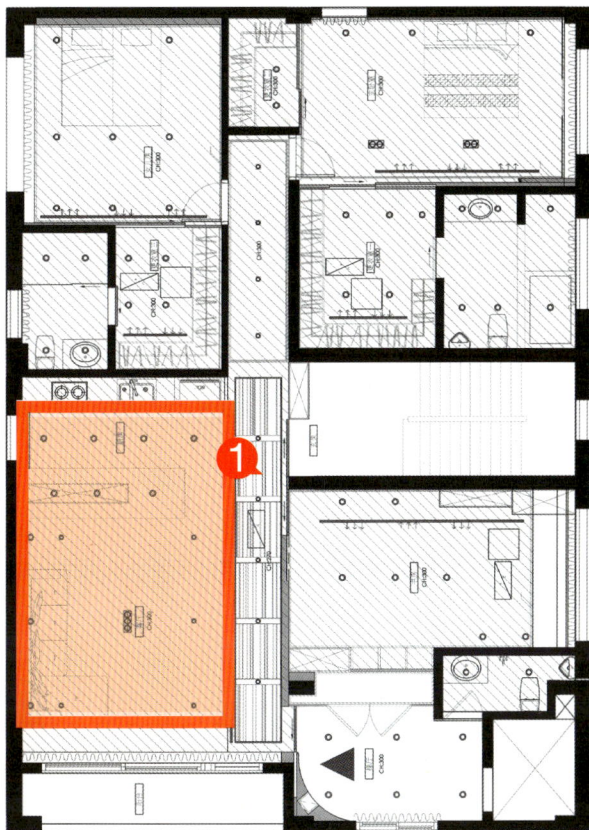

——	间接照明
——	天花板分割线
▨	高天花板处
↓↓↓↓↓	冷气出风方向

降低铁件天花板以视觉修饰阳台前的横梁，也是玄关入内的展示台

策略关键：
❶ 天花板与冷调基质的地板上下对应，担任界定空间的功能

石材、明镜、大量木料，
营造家的都会禅意

　　空间中大量使用木料，创造自然温馨的气息，天花板设计也按照这个思维，采用实木皮包覆，一是与木质墙壁相呼应，二是中和客厅电视墙、地坪采用石材所散发的冰冷调性，视觉上也更具可观性。而天花板的规划也并非一成不变，除了因安置空调主机而规划的高低差设计，还有在大梁的位置使用大片明镜，这样不仅可有效修饰，消除压迫感，同时镜面的反射作用也达到扩展视觉效果的目标，利用黑镜隐藏大梁，让线条直接延伸到主卧室的门口。天花板镜面内侧安装嵌灯，使其成为一条灯带，吸引人们的注意。

[二三设计23Design]

Designer:张佑纶、陈俊翰、温奕谦

天花板以镜面修饰大梁的存在，且通过反射达到放大空间的效果

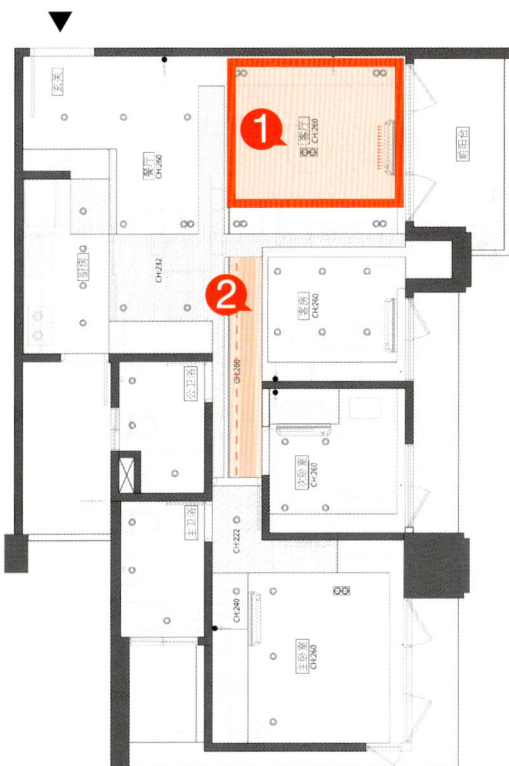

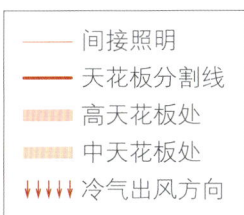

图例：
— 间接照明
— 天花板分割线
▨ 高天花板处
▨ 中天花板处
↓↓↓↓ 冷气出风方向

木质天花板由一片片木材拼接而成，利落的沟缝接线不显突兀，反而创造出目光得以不断向远方延伸的感受，冷气出风口与维修孔也隐藏在天花板内，巧妙的设计保持了外观完整性

策略关键：

❶利用明镜反射增加屋高

❷脱开式间接照明为狭窄走道增加亮度并标示区域

天花板镜面上方暗藏嵌灯，借此形成一条明显的光带，并成为导引动线，串连起公、私两个领域

[二三设计23Design]

Designer:张佑纶、陈俊翰、温奕谦

23Design

错落线条十字天花板，
巧妙计算的十度空间

　　在这个作品中，天花板与格局搭配得天衣无缝。客厅及餐厅分别位于左右两侧，玄关、厨房及卧室则位于前后两方，由上往下看整体刚好形成一个十字形，天花板也以此概念展开设计。由于空间中央有一根大梁，于是设计师将大梁喷上黑漆，并以此作为中轴线。周边天花板以白色木料修饰，降低高度来隐藏诸多管线，而白色木料与大梁交会处刻意留下一条整齐沟缝，两条直线交叉，看起来正如一个"十"字，不仅与地面动线相呼应，更创造出一种经过谨慎计算后的对称美感。

間接照明
天花板分割线
高天花板处
中天花板处
↓↓↓↓ 冷气出风方向

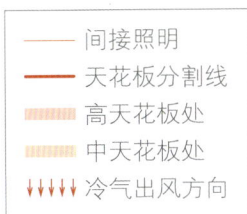

十字造型的天花板除了与地面格局搭配外，十字本身也是礼物缎带的象征，让业主每次回家都拥有好像要拆开缎带看礼物的惊喜心情，堪称抽象概念与实体设计的完美结合

策略关键：
❶上黑漆的大梁是客厅的轴心线
❷侧面横过的深木色长条与地面呼应

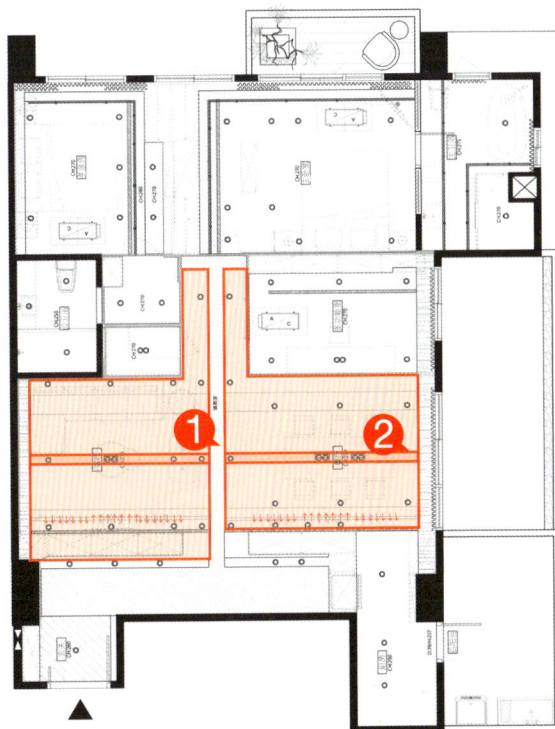

因为业主希望有精品气氛的感觉，所以灯光采用洗墙的方式打在壁面造型上，营造出业主想要的氛围。此外在十字动线的凹槽装了盒灯，除了可增加灯光明亮度，也能让画面更加简单利落

23Design

灯条直斜光带，
打造时尚科幻的感官空间

　　业主热爱极简风格，不希望在室内看到太多繁复的线条；另一方面，本案例的楼高有限，而设计师必须在这样的条件下，隐藏大梁与空调主机，同时还要保持舒适的挑高。为了达成上述目标，天花板并没有进行特别的设计，只是利用简单素雅的白色线板通过高低差的形式修饰大梁、管线、主机，也打造出时尚利落的简约氛围。值得注意的是，设计师在天花板安装铝挤型灯条并向下延伸，通过或直或斜的不规则行进动线，串连起天花板与壁面。一条条光带也仿佛在室内反射碰撞，创造出迷离的科幻感，也令空间犹如在 2D 与 3D 之间跳动转换，呈现出让人难忘的独特魅力。

[二三设计23Design]

Designer:张佑纶、陈俊翰、温奕谦

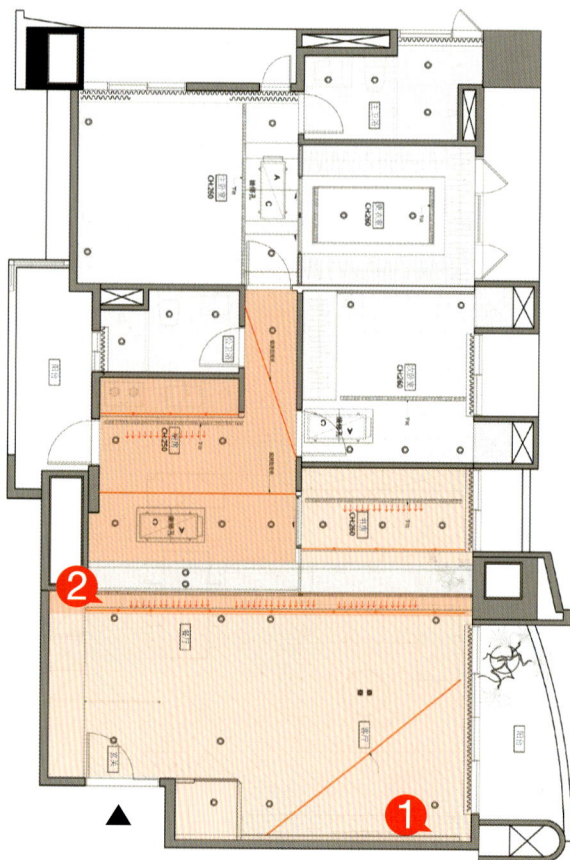

光带沟缝在客厅与餐厨区交映成3D效果

策略关键：
❶灯槽非常细致，精准计算是很重要的
❷降低区有出风口

———	间接照明
——	天花板分割线
▦	高天花板处
▦	中天花板处
↓↓↓↓	冷气出风方向

铝挤型灯条所散发的鲜明白光在空间中画下美丽线条，展开一场科幻味十足的追逐游戏

[二三设计23Design]

Designer:张佑纶、陈俊翰、温奕谦

23Design

线条紧密相连，
串起室内、延续视觉

　　"线条"是本案例天花板的设计重心。客厅电视墙上方就是一根非常显眼的横梁，电视墙本身先刻划出平行线条，大梁以白色线板包覆，连同周边天花板都以沟缝形成的直行线条前后贯穿，并向两侧延伸，通过壁面转折后转化为金属材质向沙发后方主墙继续前进，直到抵达地板为止。于是天花板与电视墙及沙发主墙形成彼此呼应的奇妙关系，整体空间也借由线条紧密相连，主要是将沙发背墙的不锈钢压条延伸至天花板，让客厅与书房有共同串联的"延续"。此外，靠窗处的天花板也采用同样设计，左右两边的对称模式也避免了公共区域格局失衡。玄关处的玻璃隔屏亦以铁件呈现线条意象，搭配一大片明镜，反射出天花板的清晰景象。

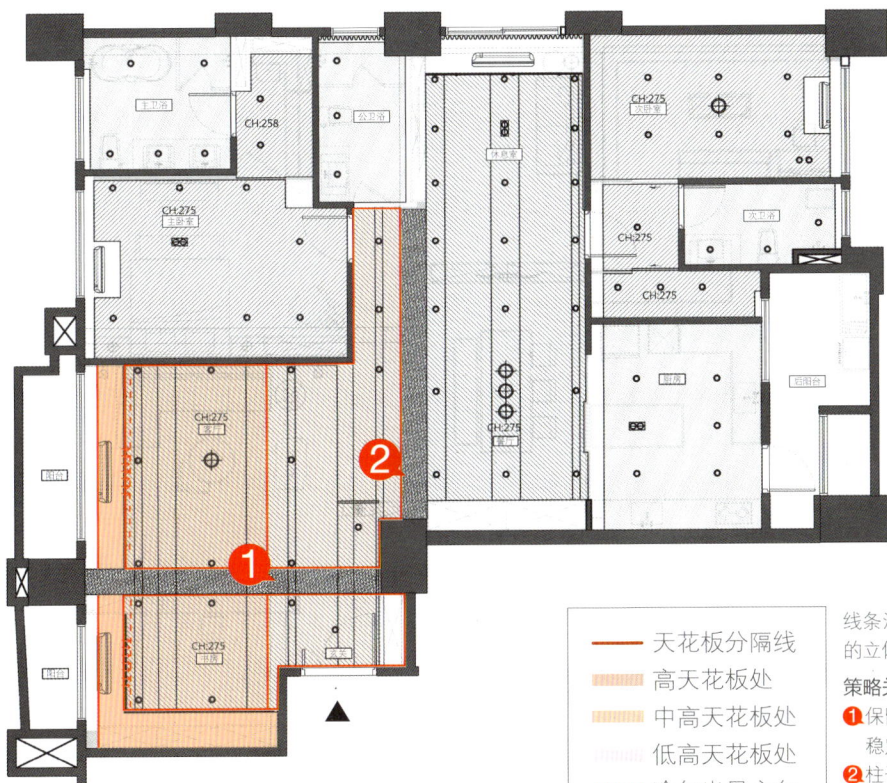

线条沟缝位于天花板上的大梁，其阴影形成有趣的立体感

策略关键：

❶ 保留大梁天花板分区，在下方做一个电视墙，稳定空间的平衡

❷ 柱子与天花板之间存在空隙，在镜面墙后面运用漫光上下投射模糊边角线条

图例	
——	天花板分隔线
▦	高天花板处
▦	中高天花板处
▦	低高天花板处
↓↓↓↓	冷气出风方向
——	间接照明

线条是贯穿本案的设计元素，空间也由此更添层次感

电视主墙上的大梁，除了以白色线板修饰之外，也运用线条造型让注意力获得转移，并创造视觉延伸的效果

三种材质交错混合，
勾勒业主利落时尚的生活态度

　　本案例中的天花板使用了三种材料。首先是木材，向下延伸至壁面，通过浅色系达到放大空间的功效；其次是黑镜，不仅为空间增添几分神秘感，也营造出轻盈透明的视觉感受，带状黑镜也一样向下延伸至壁面，成为家电机柜的门片，并具有修饰隐藏的作用；最后是装饰大梁的明镜，除了借此将梁的存在感降到最低之外，镜面反射还创造出另类的观赏效果，让室内面积看起来比实际面积更为宽广。设计师通过三种材质的交错混和，让天花板显示出与众不同的独特风情。

[二三设计23Design]

Designer:张佑纶、陈俊翰、温奕谦

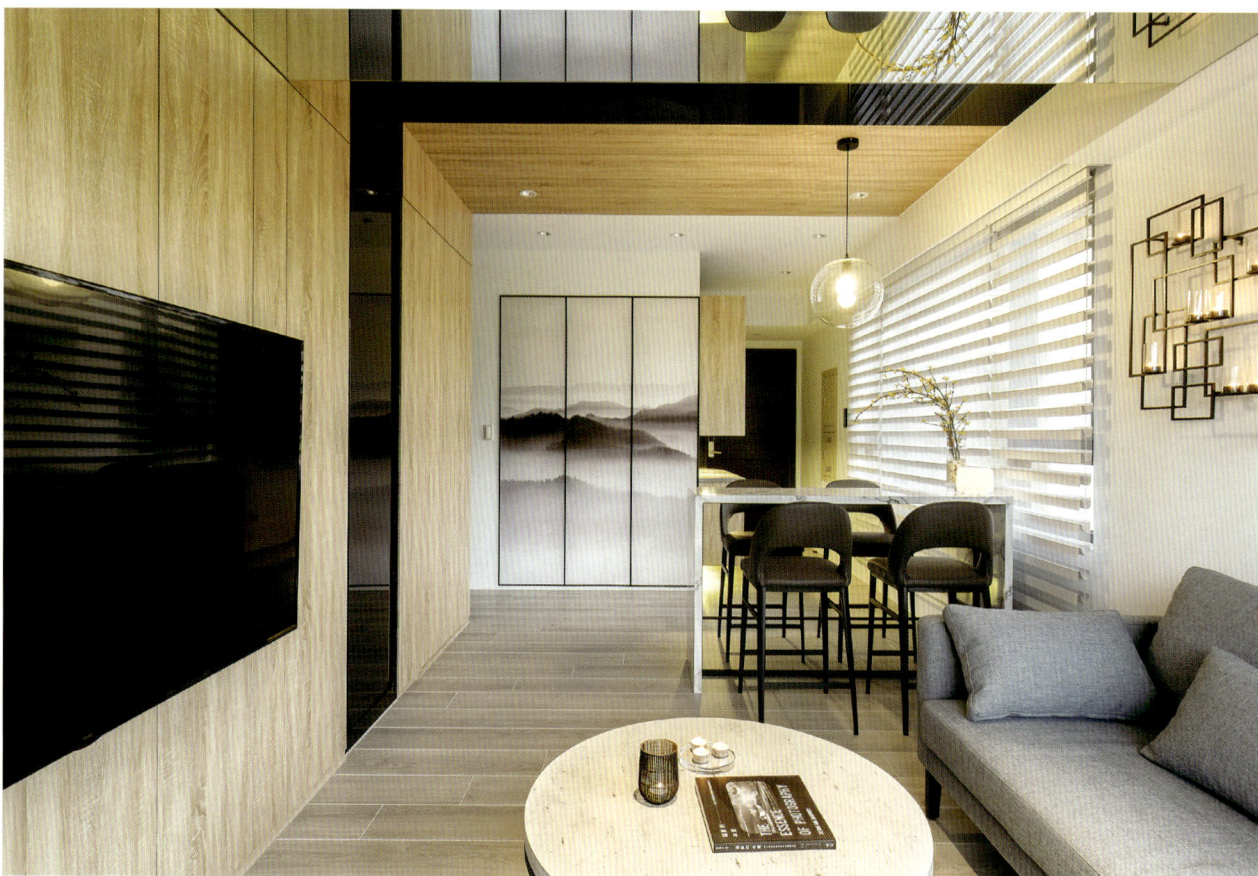

从下往上看，就能够充分感受到天花板自身创造的独特景观，自然流露出随性不羁的人文气息

天花板以三种材料组合而成，分别是木材、黑镜、明镜，空间生命力也由此展现

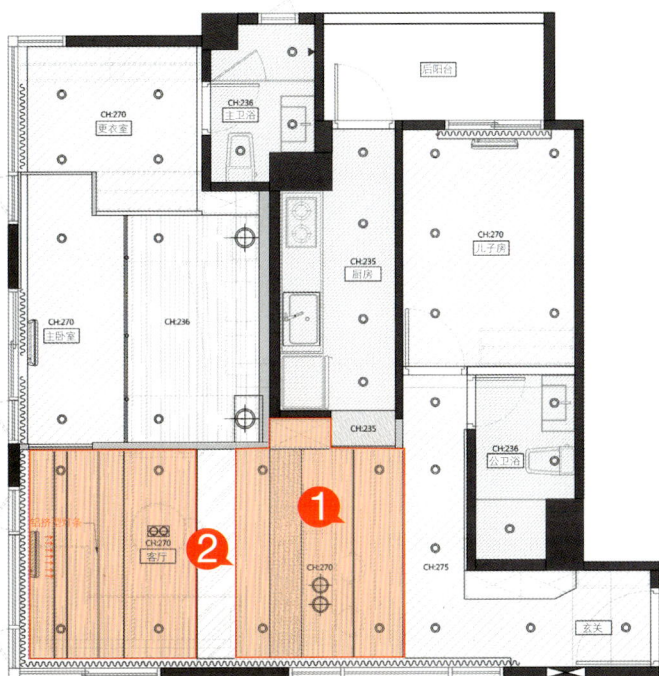

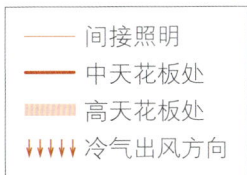

——	间接照明
——	中天花板处
▨▨▨	高天花板处
↓↓↓↓	冷气出风方向

天花板的比例分割是以明镜消弭掉现场大梁为出发点来考量的，再利用木皮营造出温润感。设计师还在天花板加装铝挤型灯条，借由细致的灯光勾勒出屋内的浪漫气氛。干净利落的造型，也为空间营造出时尚简约的生活气息

策略关键：
❶ 黑镜天花板视觉分区
❷ 明镜包大梁于视觉上能消弭存在感

倒切式天花板设计，
界定空间分隔区域

　　所谓"形随机能而生"，此空间恰为最佳例证。业主想要设置一盏造型经典的吸顶式吊扇，但若直接安装在天花板，一是机体会持续震动，二是风向无法控制，空气会往四面八方飘散，造成室内降温效果不佳。为此，设计师针对客厅天花板顶部采用倒切式设计，借此引导风向固定朝下，让下方的人都能够感受到阵阵凉风。天花板周边则刻意压低，搭配内嵌灯具，看起来就像是极简造型的巨大音响，也形成一种在不对称中寻求对称的趣味美学。而冷气出风口也遵循天花板设计原则，以倒斜方式处理，让冷风集中，避免电力浪费。天花板向玄关与餐厅两侧延伸，不仅界定了空间，同时也模糊了空间，通过错落有致的天花板放大空间感，并融入不同区块，反而具有更鲜明的视觉特色。

[大湖森林室内设计公司Lake Forest Design]

Designer:柯竹书、杨爱莲

天花板前后的高低落差除了修饰大梁之外，也令整体空间更具层次

天花板采用倒切式设计，控制吸顶式风扇的风向固定朝下，不致于空气四处飘散，让室内更加凉爽。

客厅天花板是故意不对齐中心点，因为若与电视墙处在同一中轴线上，看起来会太规矩，故意偏刻意创造一种失去平衡的感受，同时把视觉重心往玄关引导，让客厅更宽广。天花板周边以一些元素点缀，营造视觉延续性

木作造型硅酸钙板天花板
窗边留造型窗帘盒

木作造型硅酸钙天花板
间接式照明天花板

木作造型硅酸钙天花板
四周留立体沟缝

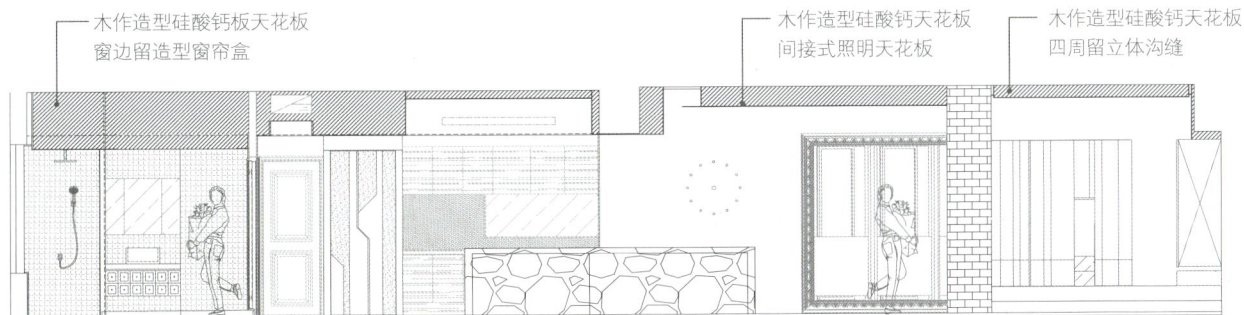

型随机能力求变化，
舒适美观完美兼顾

　　天花板设计要注意的地方不仅仅是造型或风格，更重要的是功能性。以此处空间为例，为了给予居住者更舒适的生活环境，天花板皆采取挑高处理。但是这样一来，冷气出风口被规划在沟缝内，难免影响到制冷效果。经过精密计算，对出风口的造型加以调整，让冷风直接向下吹而不被遮挡，即在争取充足挑高的同时，室内降温冷却功能也丝毫不受影响，完美兼顾了实用性及美观性。另一方面，客厅角落则针对天花板设计成斜切造型，除了可将空调主机隐藏于无形之外，也借此颠覆传统认知，改变室内空间一成不变的印象。以天花板高低差创造更具特色、更有力道的设计概念，而日常生活的小趣味就通过这些细节累积而来。

[大湖森林室内设计公司Lake Forest Design]

Designer:柯竹书、杨爱莲

为了在有限高度内争取更多的生活空间，挑高天花板的设计是必然的，但冷气出风口也因此无法完整露出。而在经过精密角度的计算后，出风变得丝毫不受影响

斜角的天花板设计创造出别具特色的面貌，也让住宅脱离一成不变的空间印象

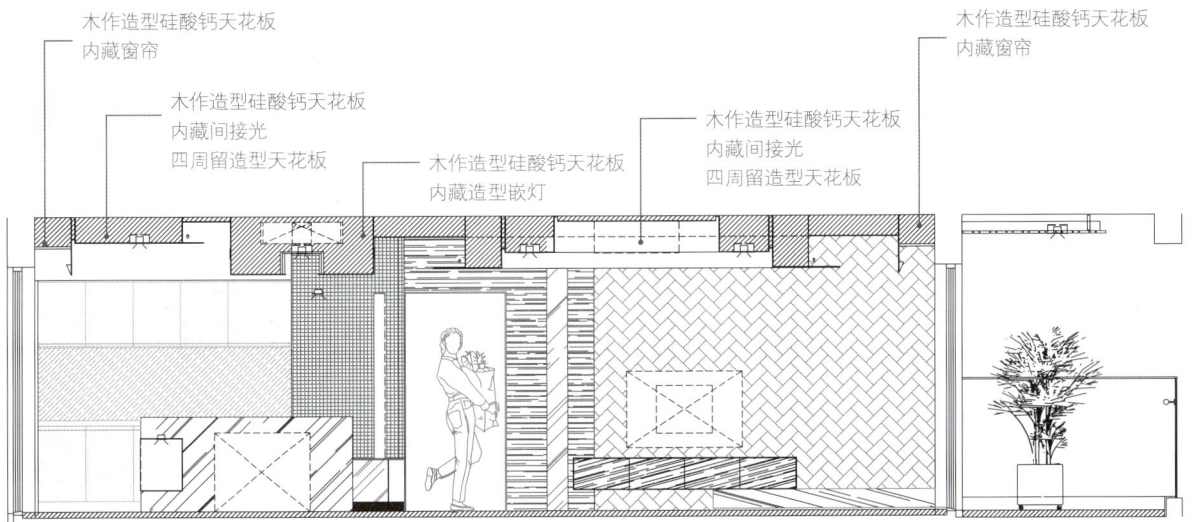

木作造型硅酸钙天花板
内藏窗帘

木作造型硅酸钙天花板
内藏窗帘

木作造型硅酸钙天花板
内藏间接光
四周留造型天花板

木作造型硅酸钙天花板
内藏间接光
四周留造型天花板

木作造型硅酸钙天花板
内藏造型嵌灯

[大湖森林室内设计公司Lake Forest Design]
Designer:柯竹书、杨爱莲

Lake forest design

实木天花板衬托特色火山岩洞石素材，
还原粗犷高质感

在台湾相对少见的日式侘寂美学在这一处空间中被运用得淋漓尽致。设计时大量运用火山岩洞石，其表面充满大小不一、密密麻麻的孔洞，为空间创造出原始粗犷的质感。为了衬托这种朴素的建材，天花板采用实木皮包覆，为冰冷的建材注入温度，同时也将大梁、配管修饰完整，并安装投射灯及盒灯，利用暖黄灯光点缀住宅的温馨气氛。天花板的实木质感向墙壁与地坪延伸，借由近似的颜色与建材，创造出整体一致的风格。另外天花板以木皮平整排列，形塑出利落的简约气息。

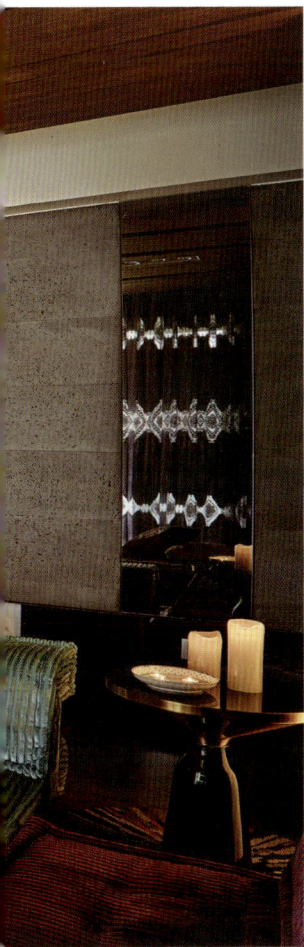

由于居家环境中大量使用火山岩洞石，为了与此粗犷建材相匹配，天花板采用实木皮，带入自然触感，也让空间温暖了起来。天花板平整排列，让视线自然向外延伸，空间感受也因此更加开阔

实木天花板与火山岩洞石的搭配，以自然元素让室内弥漫淡雅禅意

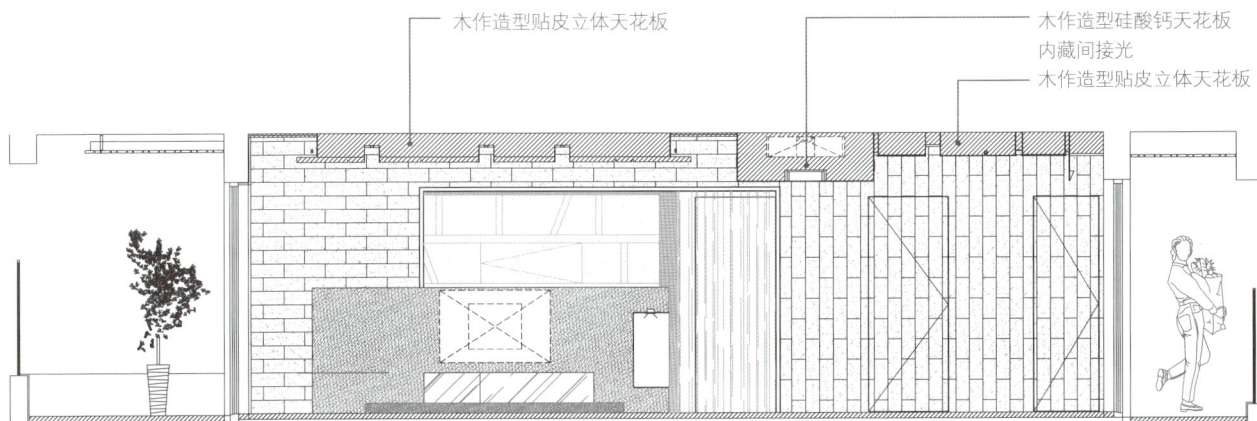

木作造型贴皮立体天花板

木作造型硅酸钙天花板
内藏间接光
木作造型贴皮立体天花板

Lake forest design

堆叠繁复造型天花板，
新古典艺术美感浑然天成

　　为了打造印象深刻的室内风貌，在设计天花板时撷取古典元素，也融合现代极简手法，让天花板产生独特的戏剧张力。天花板刻意选用线板，做出一层一层向上堆叠的造型，恰如其分地彰显新古典风格的华丽特色，丰富层次感也油然而生。同时将吊隐式冷气的管线隐藏在天花板内，并规划维修孔以便日后进行清洁保养；维修孔外围以面板修饰，且上下各留 0.5 厘米沟缝，通过比例对称，令视觉效果利落清爽。冷气出风口两侧搭配的现代风细腻纹路与古典风线板的组合，形塑相辅相成的反差美学。当视线继续顺着切割线条往前移动，最后汇聚在天花板中心的水晶吊灯时，优雅尊贵便水到渠成了。

冷气维修孔与管线被隐藏在天花板内，冷气出风口上下则搭配线条明确的现代风纹路，与顶部古典风线板形成明显对比，碰撞出耐人寻味的冲突美学

[大湖森林室内设计公司Lake Forest Design]
Designer:柯竹书、杨爱莲

木作造型硅酸钙
四周压造型立体线板

木作造型硅酸钙
圆顶天花板
面贴金箔处理

木作造型硅酸钙
四周压造型立体线板

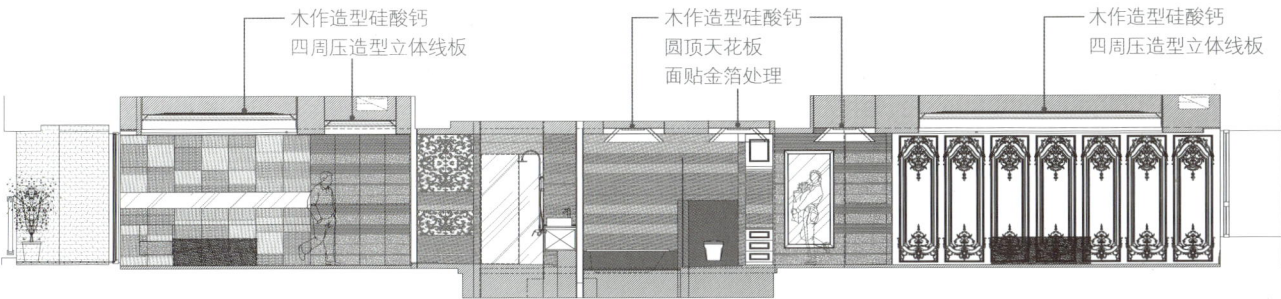

客厅天花板结合了古典的华丽与现代的简约，以线板设计出堆叠向上的造型，突显繁复细致的美感

[大湖森林室内设计公司Lake Forest Design]

Designer:柯竹书、杨爱莲

Lake forest design

实木皮、黑色吸音材，
打造时尚视听功能居家

业主事业成功，非常年轻就退休了，对于住宅的设计相当有主见。由于平日业主非常喜欢待在家看电影、听音乐，所以对于视听设备有极高的要求。设计师在进行天花板设计时，也充分考虑了这方面的需求，并应用于天花板。天花板设计采用了两种材料，第一种是实木皮，第二种是黑色吸音材，使用实木皮的原因是为了营造温润舒适感，而使用黑色吸音材的原因则是为了让音响效果更好。吸音材特别裁切成长方形，表面看似简单，其实内部铺上吸音棉，外部为一层薄网，是相当专业的产品。实木皮与吸音材交互排列，不仅实用，也让视觉美学得到进一步的提升。

木作造型硅酸钙天花板
四周留立体沟缝

木作造型硅酸钙天花板
内藏间接光
四周留立体沟缝

木作造型硅酸钙天花板
内藏间接光

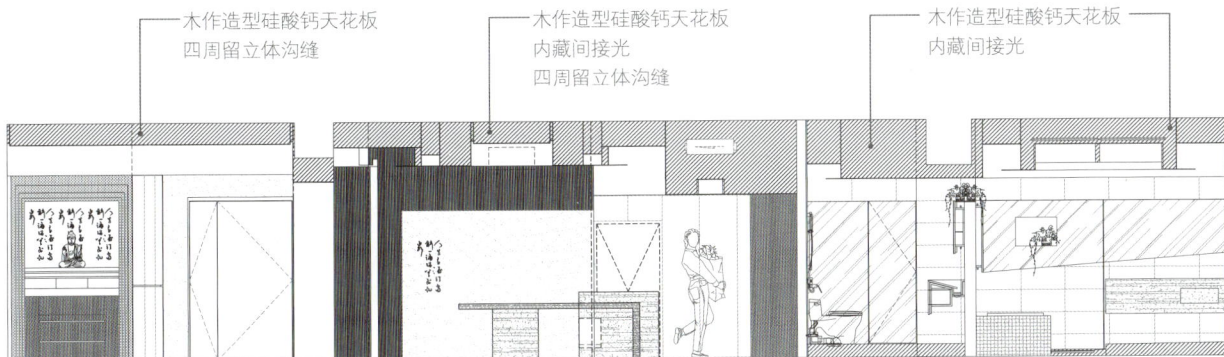

天花板结合装饰性灯具，赋予空间多元面
貌。除了使用实木皮修饰之外，还加入黑
色吸音材，借以强化音响效果

Lake forest design

手刮纹理圆拱线条天花板，
产生顶上微妙光影变化

　　业主直言生活空间必须保有温馨气息，拒绝过强的设计感和冰冷的装潢风格，强调放松、随性。于是设计师别出心裁地以建筑角度进行天花板设计，用木材做出连绵不断的圆拱抛弧线条，使之成为视觉焦点；同时表面以手刮纹理呈现，展现细腻精致的人文风情。设计师也试图通过欧美建筑常见的圆拱造型保留业主曾到欧美旅游的记忆，营造人文气息浓郁的住宅氛围。圆拱之间的沟缝也刻意保留，并将灯具隐藏其中，当灯光从里向外透出时，便会产生微妙的光影变化，空间表情也由此更加丰富。天花板与餐厨区相邻处的高度往下降低，留出更宽广的空间隐藏冷气主机与规划维修孔、出风口；天花板材质也随之转变，以实木修饰，借由不同材质让客厅与餐厅自然分隔成两个区域，打造明确的住宅格局。

[大湖森林室内设计公司Lake Forest Design]

Designer:柯竹书、杨爱莲

客厅与餐厨区的天花板采用不同材质，高度也有所差异，成为两个区域的分隔界线，赋予格局更明确的角色定位。天花板沟缝之间设置灯具，当光线由缝隙中落下，便会营造出出人意料的光影变化

木作造型杉木造型天花板
用手刮方式处理

木作造型实木贴皮
立体天花板

木作造型硅酸钙
波浪型造型天花板

中间内嵌造型灯沟

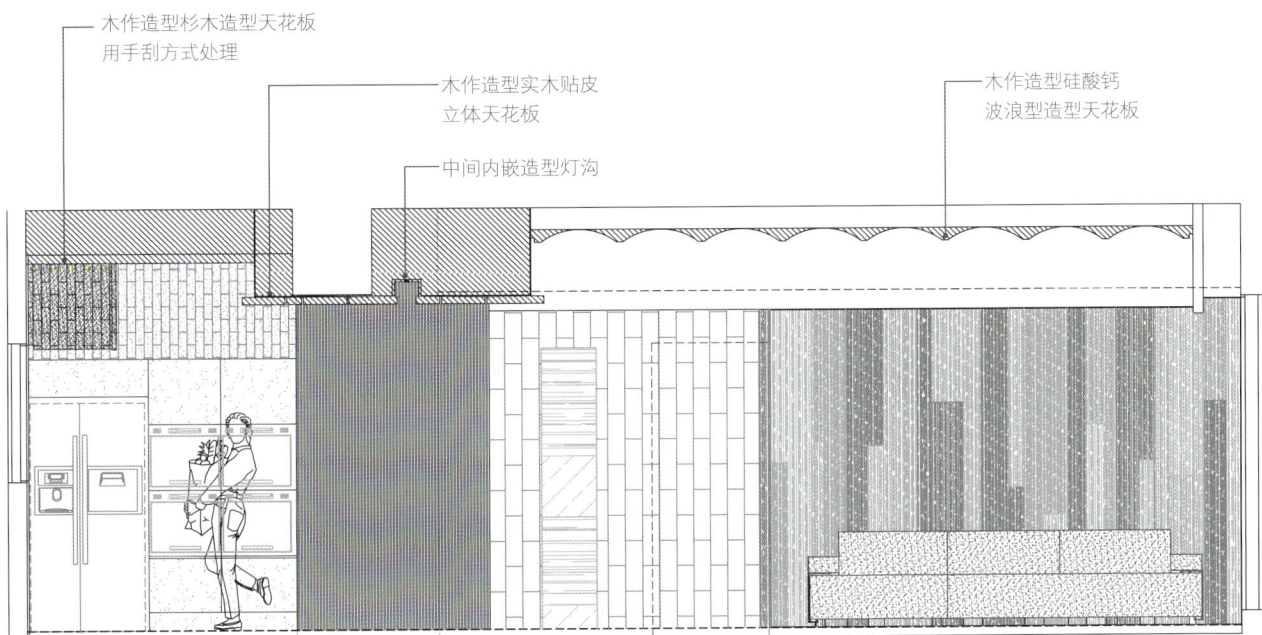

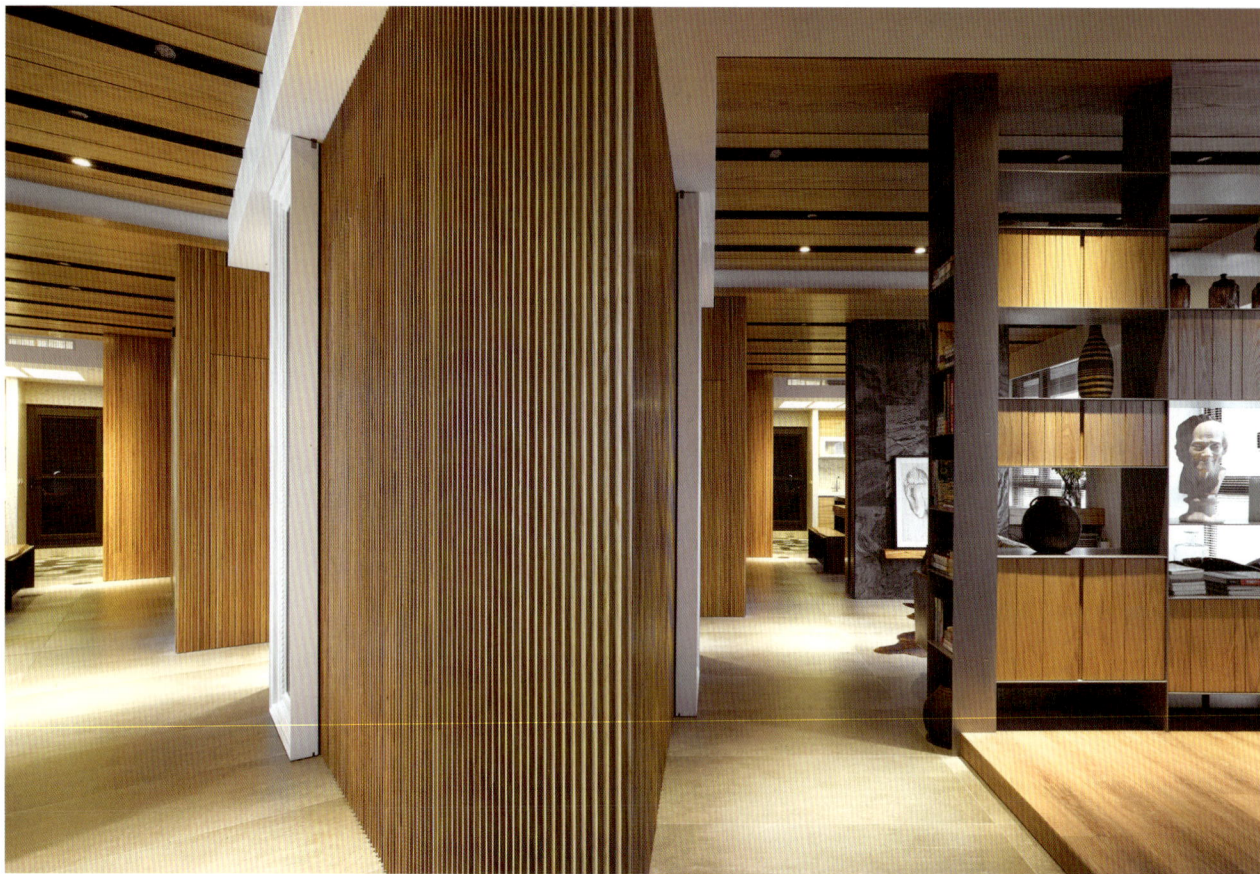

[大湖森林室内设计公司Lake Forest Design**]**
Designer:柯竹书、杨爱莲

Lake forest design

阵列式天花板完美融合
日式优雅与豪迈气质

    本案例是将两间套房打通而成的长形空间，由于原始尺度改变了，所有格局也随之调整，天花板的重要性也愈加提升。设计师通过天花板来界定不同区域的功能，借天花板将生活重心由客厅转移到餐厅。业主喜爱无印良品的现代简朴气质，但对于这个空间而言，若单纯套用类似风格，会显得过于简单，失去个人特色。因此设计师融入改良过后的日式元素，将实木天花板一字拉开，形成阵列，创造出强烈气势，可以说是"无印良品2.0"，兼具了日式设计的优雅细腻以及坚持做自己的豪迈气质。整个公共区域的界线也被打碎后再加以融合，而天花板无疑成为决定空间走向的关键要素之一。

木作造型流明天花板　　　木作造型实木天花板　　　木作造型流明天花板　　　木作造型硅酸钙板
内藏间接光　　　　　　　　立体天花板　　　　　　　　内藏间接光　　　　　　　　立体沟缝斜天花板
　　　　　　　　　　　　　内藏造型嵌灯

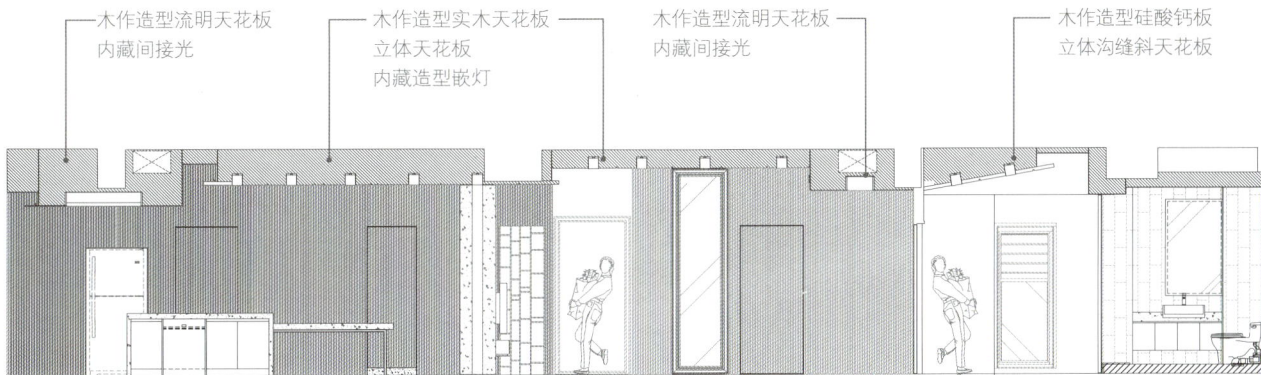

实木天花板由近至远层层排列，堆叠出无限延伸的感受

将两间套房打通，形成一处长形空间，天花板角色更加重要，引导格局重心进行大幅度的转移

黑玻璃、白光源，
清楚划分天花板范围

　　本案例的天花板设计相当有趣。设计师试图创造一种融入现代科技的自然治愈风，由于地坪采用清水模，墙壁选用实木皮及石材，一股犹如洞穴般的粗犷质感弥漫室内，因此天花板便成为聚集目光、吸引注意力的重点对象。客厅天花板四周与墙壁接缝处设置间接照明，借光源清楚划分天花板范围，使之仿佛成为一个盖子，从上而下笼罩住客厅；自外向内的第二层规划一圈黑色玻璃，玻璃表面安装盒灯，强化照明作用，黑白对比也突显立体层次感；黑玻再往内又是一圈白色四方形，以黑、白、黑的排列方式让视野产生无限延伸的感觉。天花板中心整个内缩拉高，内部以镜面搭配水晶灯的形态呈现，镜面反射加上拉高设计营造如同自然天光的效果，水晶灯的清澈透亮也成为居家空间中的一大亮点。

[大湖森林室内设计公司Lake Forest Design]

Designer:柯竹书、杨爱莲

四方形的天花好像一个巨大的盖子，由上而下覆盖住客厅，天、地、壁的完美融合，让空间格局更有安全感。天花中心安装明镜与水晶灯，模仿自然光的效果，也通过水晶灯为空间美学达到画龙点睛的作用

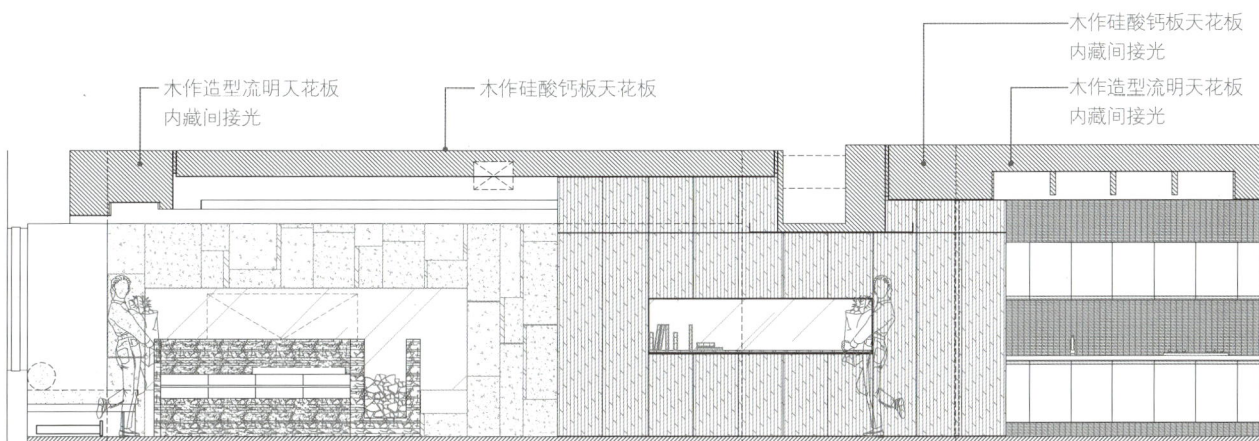

木作造型流明天花板
内藏间接光

木作硅酸钙板天花板

木作硅酸钙板天花板
内藏间接光

木作造型流明天花板
内藏间接光

DS&BA Design Inc

大胆使用户外建材，
创造豪迈不羁的年轻化室内风格

　　这间房子的用途是经过装修后再转卖出去，由于销售对象锁定在年轻人，所以设计风格以粗犷不羁为主，呈现青春专属的独特风格，天花板规划亦然。为了打造与众不同的情境，设计师直接将户外建材拿到室内使用。天花板以烤漆铝板及木纹钢板做修饰，做出不规则格栅排列造型，既创造出丰富层次，也借穿透的视觉效果让空间更显轻盈。并且这类户外建材耐用且价格便宜，正好呼应年轻人不拘小节的个性。此外由于屋高仅有 2.7 米，又是单面采光，所以刻意保持天花板原始结构不多做修饰，一方面避免沉重的压迫感，另一方面也最大程度争取挑高。设计师将所有管线都隐藏于地面之下，让天花板除了基本的轨道灯具配置外，不存在任何多余线路，为整体格局奠定简约利落的气质。

[伊国设计DS&BA Design Inc]

Designer:谢志杰

天花板格栅的材质采用烤漆铝板与木纹钢板等户外建材，从尺寸、颜色都能够自由调整，同时耐用又便宜，为空间开创不同的可能性

天花板采用轨道灯，灵活、方便拆卸安装、角度多变。将大部分线路隐藏在底板下，外观看不到多余管线，给使用者一个清爽干净的视野

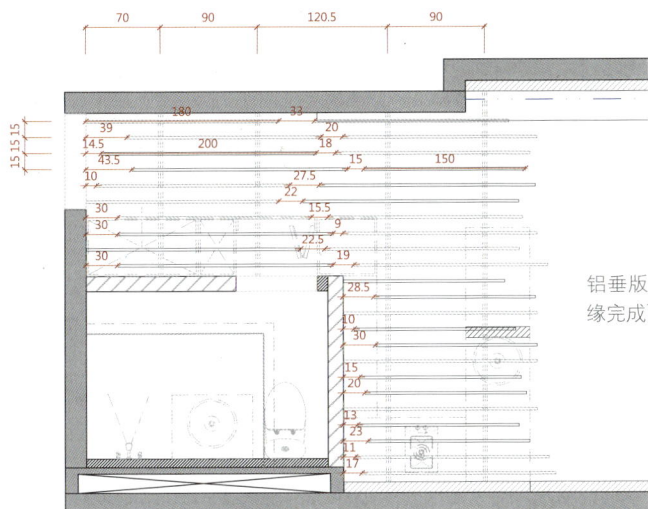

铝垂版天花板下缘完成面263cm

铝垂版天花板位置图比例: 1/30 单位: cm

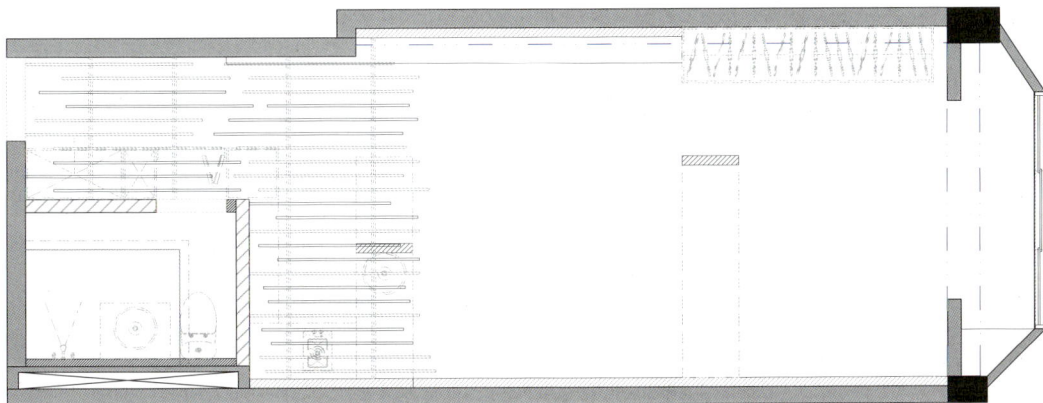

【伊国设计DS&BA Design Inc】
Designer:谢志杰

DS&BA Design Inc
当设计遇上传统文化，
模拟山水画抽象意境

业主喜爱中式的装潢风格，还找来风水师对室内设计提出建议，所以包括天花板在内，设计师必须在满足前述两项条件的情况下展开设计。玄关天花板以不锈钢与玉砂玻璃加以修饰，通过不锈钢的反射及玻璃纹路，模拟出如同瀑布冲击的东方山水画抽象意境，以"遇水则发"的概念巧妙结合五行元素，并将之转化为实体，一路延伸进入公共区域。由于本案例拥有优良挑高，于是设计师舍弃繁复的天花板造型，保留原始结构，让空间感受更为宽阔。但这样一来有可能视觉上稍显单调，所以设计师通过设置假梁的方式将管线收纳其中，并与轨道灯等设备形成交错穿插的景象，为空间增添主题性。假梁的两片垂板也刻意削成斜角，让厚度由2厘米降至0.5厘米，创造轻薄灵活的氛围。

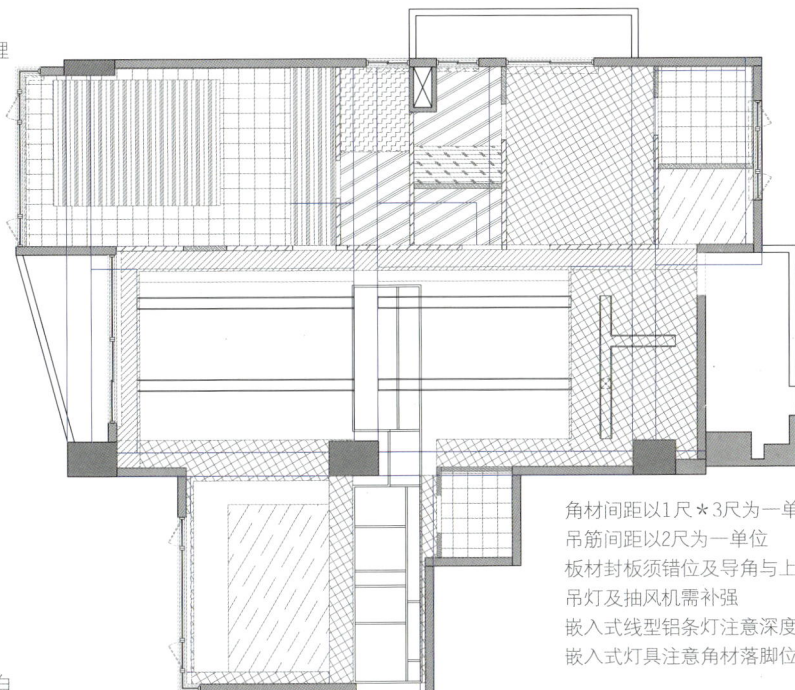

既有钢筋混凝土面天花板喷漆处理
面刷ICI全校净味水泥漆-纯白

平钉天花板封硅酸钙板
面刷ICI全效净味水泥漆-纯白
书房、佣人房-H:270cm

平钉桧木天花板
主卧室淋浴间-H:210cm

平钉天花板封硅酸钙板
面刷ICI全效净味水泥漆-纯白
主卧室-H:250cm
次卧室更衣间-H:250cm
储藏室-H:250cm

平钉天花板封硅酸钙板
木作包梁及窗帘盒封硅酸钙板
面刷ICI全效净味水泥漆-纯白
公领域-H:240cm
次卧室-H:240cm

格栅天花板
上方面刷ICI全效净味水泥漆-纯白
主卧室入口-H:240cm
主卧室床上方-H:235cm

平钉天花板封硅酸钙板
木作包梁及窗帘盒封硅酸钙板
面刷ICI全效净味水泥漆-纯白
露梁面刷ICI全效净味水泥漆-纯黑
公领域-H:220cm

平钉防潮天花板
次浴室淋浴间-H:215cm

角材间距以1尺＊3尺为一单位
吊筋间距以2尺为一单位
板材封板须错位及导角与上胶
吊灯及抽风机需补强
嵌入式线型铝条灯注意深度
嵌入式灯具注意角材落脚位

钢构与玻璃组合的天花板仿佛是一条隐形界线，将客厅及餐厅区分开来

所有管线、灯具皆以假梁整齐收纳，既避免杂乱的视觉景观，也营造干净利落的动线

[筑川室内装修设计有限公司Zhu Chuan Interior]
Designer:施侑坤

Zhu Chuan Interior
管线配色让室内
色彩丰富鲜明

　　业主是一位插画家，对色彩感受相当敏锐，也希望通过颜色的差异打造与众不同的住宅。公共区域的天花板保留原始结构，客厅的消防管线与餐厅墙面采用同色系，呈现出像是树枝由用餐区延伸至天花板的创意美感。这样的规划一是不因装修导致天花板高度降低，争取到足够挑高，开创轻松无负担的生活品质；二是通过轻装修减少废弃物的出现，突显业主对环保问题的重视；三是利用管线配置与用色变化让室内气氛变得更有趣。不仅打造出专属于业主的个性与特色，更因为去除了多余的装潢令预算大幅降低，可以说是兼顾了美观和实用的设计。

間接照明
天花板分割线
高天花板处
冷气出风方向

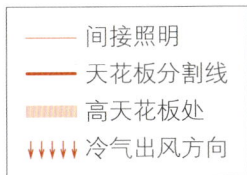

让梁裸露，以墙面色块转移注意力

策略关键：

❶ 管线沿天花板四周分布

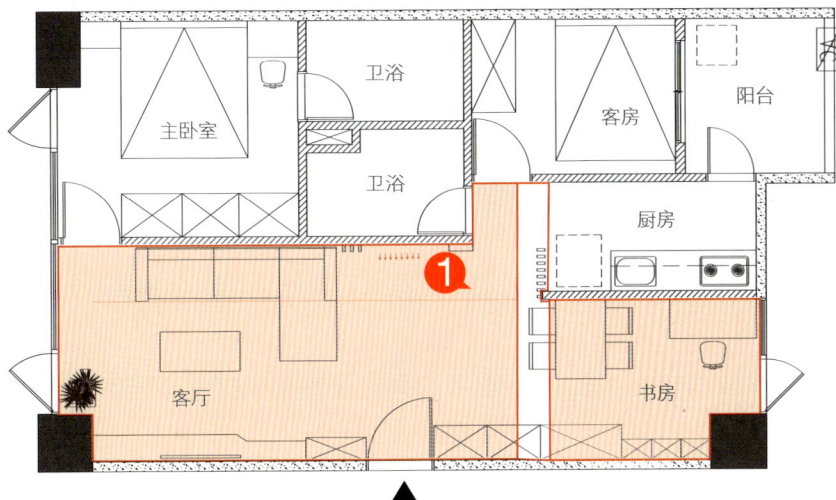

主卧室　卫浴　客房　阳台

卫浴　厨房

客厅　书房

消防管线配色与餐厅墙面用色相同，让视觉从地面向上延伸至天花板。天花板保留原始结构，蜿蜒的消防管线如树枝藤蔓爬满屋檐，为空间创造一种经过刻意安排后的狂放不羁

轨道灯也是天花板设计的重点，既增添空间层次，也具备实用机能

Hsin Yueh Interior Design

水晶吊灯光影投射，
营造圆顶天花板多变性

　　本案例的室内空间原为挑高楼中楼，顾及建筑结构安全问题，导致客厅天花区域存在一根结构梁。只有一根梁横越上方，观感比较突兀，因此设计师采用对称工法造出一根假梁，以达到左右平衡的黄金比例。客厅与餐厅均采用开放式设计，并通过天花板造型，让两处空间的定位更加明确。

　　餐厅的圆形天花板借照明投射产生的角度营造出渐层阴影及柔和氛围，并通过不同线条的设置让天花板向前延伸并扩大视野。同时谨慎评估窗帘盒、线板、音响设备、消防系统、空调主机、卫浴管线、梁柱的位置、大小，以及灯具尺寸与灯具形式，确认彼此完美协调后，再为天花板规划出适当高度，让光线结合空间，引领视觉动线，塑造毫无瑕疵的天花板基本概念。

[新悦设计 Hsin Yueh Interior Design]
Designer: 吴风德

天花板采用纯白色与地坪墙壁做呼应，充足的挑高也打造出舒适自在的生活氛围

餐厅使用圆桌，可容纳更多人一起入座。设计师选择在餐厅的天花板做出圆状造型，与餐桌的形状呼应

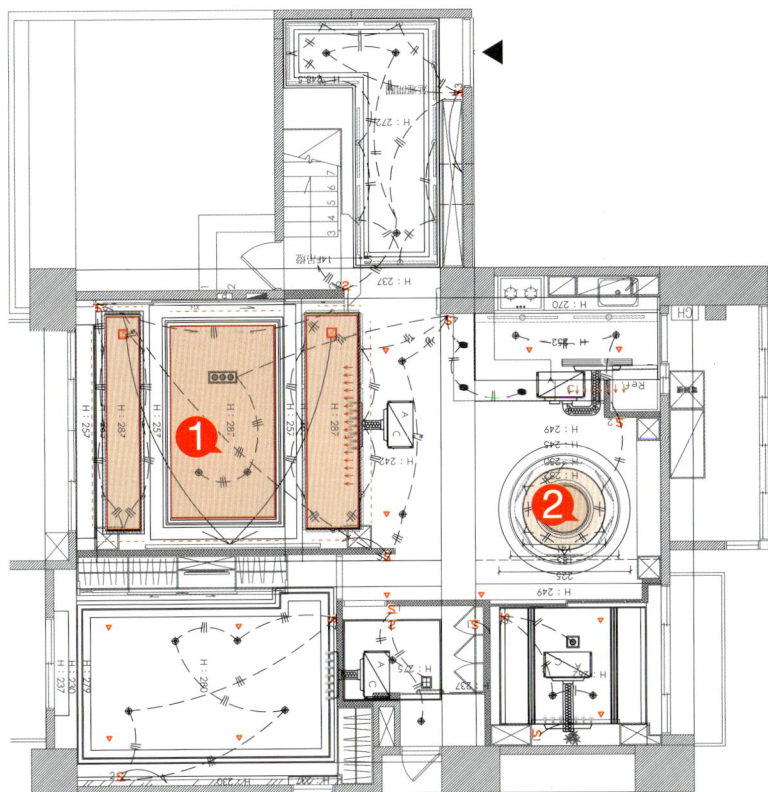

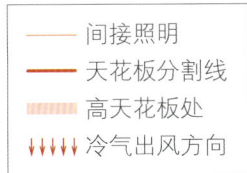

图例
——— 间接照明
——— 天花板分割线
▨▨▨ 高天花板处
↓↓↓↓↓ 冷气出风方向

设计师认为，最初做平面配置规划时就要联想到天花板造型，因为它影响了整体空间风格及区域定位，可以说是"室内第二动线"，是空间管理的关键要素，可调和整体空间流畅

策略关键：
❶ 呈现"四"字的假梁能稳定空间
❷ 挑高拱形天花板具有向下聚拢的视觉效果

Heng Yueh Design

实木天花板搭配黑色马赛克砖
营造视觉强烈对比

　　为了为浴室营造高雅的气氛，设计师特别选用黑色磁砖，缝隙则涂上白色填缝剂，并利用抗潮、不易发霉且好清洁的桧木搭配柔和的间接照明，建构一个极为舒适的环境，营造出泡汤的温暖氛围，让业主即使在家也能充分享受被热水包围的治愈效果。浴室位于边间，挑高约3米，面积约13平方米，拥有双面采光与正对美丽河景的优势，因此只使用简单的嵌灯搭配间接照明，让人在盥洗时能够享受大自然的美景与光线。此外，实木天花板与黑色马赛克墙壁形成强烈对比，营造让人印象深刻的美学情境。当空间中每一个元素、细节都能各司其职时，这间浴室的独特性也由此被确认。

设计师沿着天花板边缘以光带修饰，让空间更丰富，兼具照明的效果

自然色的实木天花板与黑色马赛克磁砖壁面形成强烈的视觉冲突，美感应运而生，浴室独特性也由此彰显

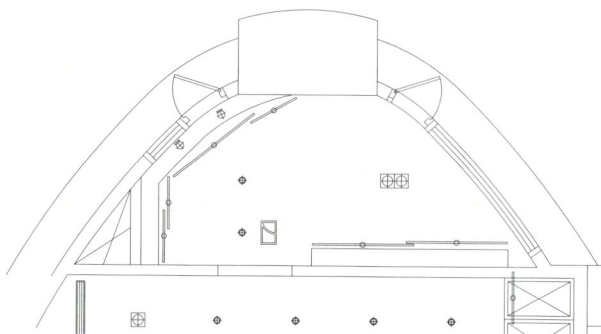

看起来像是脱开的嵌灯设置营造了情境气氛。

[恒岳空间设计有限公司Heng Yueh Design]
Designer:蔡岳儒

选用防潮机能EB板，
切割造型更具玩心

　　浴室经常处在潮湿闷热的状态，因此在建材的选择上就格外重要。设计师特别采用日本进口的EB板规划天花板，EB板具有防潮、防火的特性，还是环保材料，对于保护人体健康、保障生命安全有相当大的益处。而天花板范围较宽，不可能将一整片EB板直接覆盖上去，必须经过切割后再拼装。为了避免外观过于单调，裁切时刻意选用不规则的线条，以打造更有趣的视觉效果。天花板与墙壁交接处也设置明镜，但因为明镜与磁砖厚度不同，若直接相接会有凹凸缝出现，所以此区的墙壁要先抹上水泥，让明镜与磁砖的厚度相同，这样才能完美地与天花板接合。

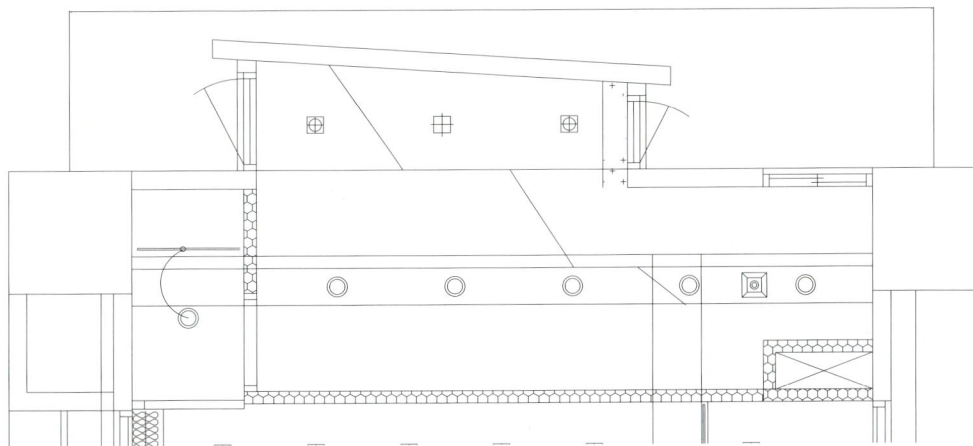

[恒岳空间设计有限公司Heng Yueh Design]
Designer:蔡岳儒

原厂以专业电锯来切割EB板，
避免断面出现毛边

天花板挑高施作大量木皮，
统合全室轻日式风

　　业主偏爱轻日式风，房间内使用相当多木料，因此天花板设计也需随之调整。由于屋顶有横梁，所以先以硅酸钙板包覆，将所有管线、大梁修饰掉，同时也将空调主机隐藏其中。但是如此一来，天花板高度势必会降低，于是在旁边挑高区域贴上木皮，除了与储物柜、墙面、地坪做搭配之外，也突显天花板的高低差设计，反而让空间层次感更鲜明。由于业主希望房内明亮一些，因此天花板安装许多盒灯，方正外观营造简约利落的气息，同时本身也是实用照明设备，空间机能更加完整。

[恒岳空间设计有限公司Heng Yueh Design]
Designer:蔡岳儒

天花板以硅酸钙板修饰，将管线、横梁、空调主机都隐藏起来，挑高处贴上木皮，突显高低差设计的特色。为了顾及业主对于照明的需求，天花板安装盒灯取代主灯

图例	
——	间接照明
——	天花板分割线
▨	高天花板处
↓↓↓↓	冷气出风方向

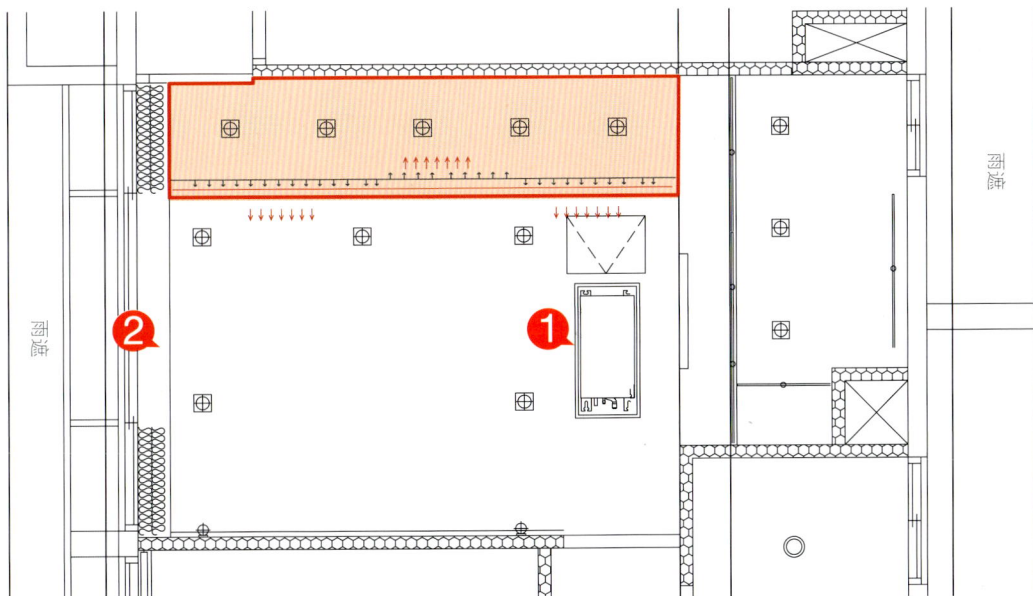

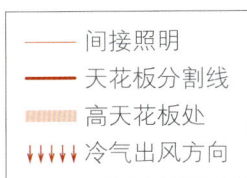

升高区与降低区的天花板采用不同材质，达成层次变化

策略关键：

❶ 降低区藏吊隐式空调主机

❷ 天花板与外窗的间距要以能容纳窗帘的总厚度为准

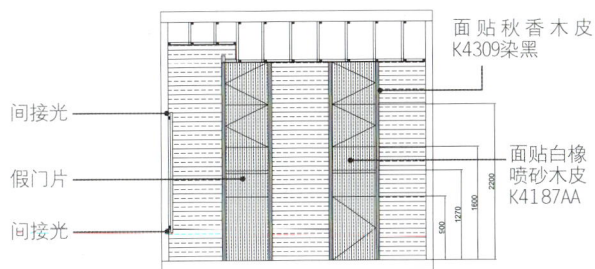

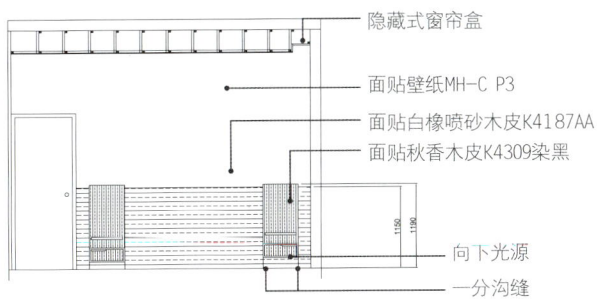

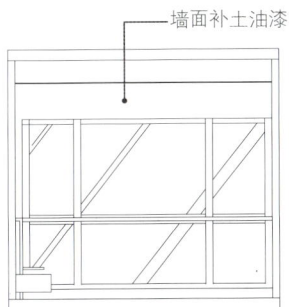

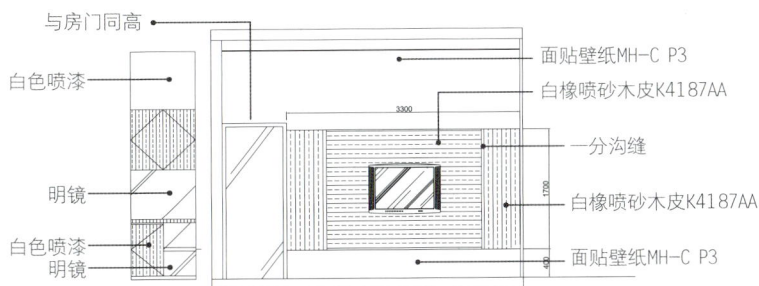

间接光

假门片

间接光

面贴秋香木皮 K4309染黑

面贴白橡 喷砂木皮 K4187AA

2200
1800
1270
900

隐藏式窗帘盒

面贴壁纸MH-C P3

面贴白橡喷砂木皮K4187AA

面贴秋香木皮K4309染黑

向下光源

一分沟缝

1150
1190

墙面补土油漆

与房门同高

白色喷漆

明镜

白色喷漆
明镜

面贴壁纸MH-C P3

白色喷砂木皮K4187AA

一分沟缝

白橡喷砂木皮K4187AA

面贴壁纸MH-C P3

3300
1700

Heng Yueh Design

天花板强化收纳功能，
满足热爱收藏玩具的心

为了营造简约日式的精致感，特别淡化天花板造型的视觉美感，增加储物空间。电视主墙的上方看似间接照明，其实是业主的乐高玩具收藏。利用中梁的空间搭配实木的间接照明淡化维修孔，更能利用天花板强化收纳功能。由于室内采光不佳，故在天花板上装设许多照明设备；又为了避免光源过度明亮造成眼睛不适，特别将每个空间的光源区分为多个开关。天花板接触墙壁面的交界处沟缝采用油漆及硅胶收边。白色立体的天花板搭配些许实木间接照明，更加突显日式风情。以仿石材的主墙与业主喜爱的绿色呼应玄关木纹砖及客厅雾抛石英砖，令整体格局更趋一致。

此案例因房屋老旧及楼层关系，天花板并没有安装消防喷淋头，故客厅与餐厅的天花板提升到最高，让一家人享有轻松自由的生活空间

[恒岳空间设计有限公司Heng Yueh Design]
Designer:蔡岳儒

客厅区域天花板整体挑高界定空间

策略关键：
❶ 藏有收纳功能

间接照明营造天花板细致感，
搭配主灯增添韵味

　　四周间接照明夹带线板为底层，为了不让高度太过压迫，最上层的天花板只在客厅的中间以线板围绕，并搭配主灯来增添韵味。由于天花板上有电灯的配管及管线、开关的配管及管线、冷气铜管、消防喷淋头、烟雾探测器等设备，为了不让这些管线外露，先将最高层的天花板降低来包覆所有管线，再利用第二层的天花板修饰和增加光源。由于此房屋地理环境极佳，平日室内光线非常充足，故选用优美的水晶灯搭配可减少眩光的嵌灯即可。同时天花板接触壁面的交界处沟缝利用线板、油漆及硅胶完成收边，并通过造型墙与家具陈列，与地面抛光石英砖产生进一步的协调关系。

【恒岳空间设计有限公司Heng Yueh Design】
Designer:蔡岳儒

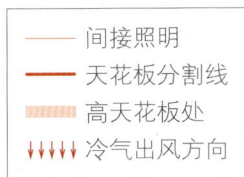

图例	
——	间接照明
——	天花板分割线
▓▓	高天花板处
↓↓↓↓	冷气出风方向

净高空间理想的空间，搭配挑高天花板与吊灯就能成为亮点

策略关键：
❶原本的大梁被造型天花板修饰

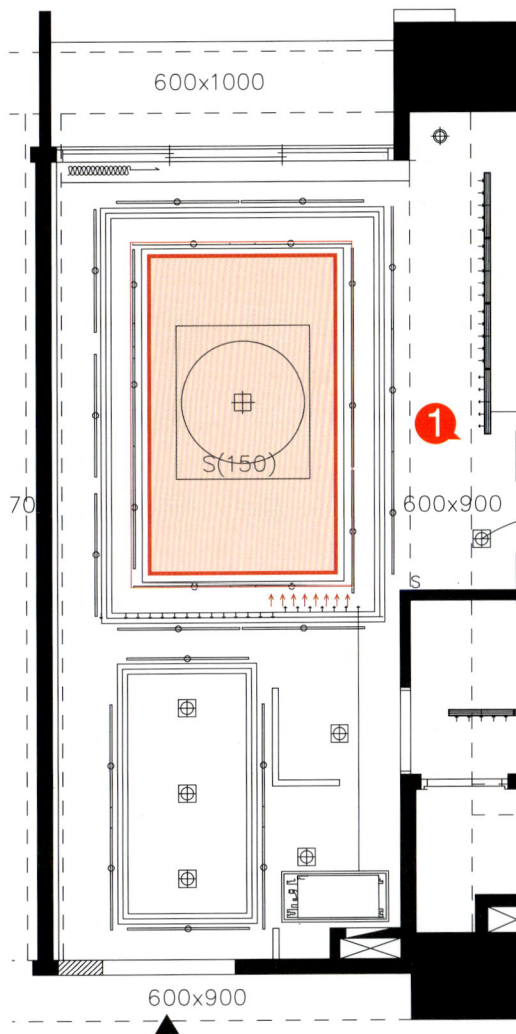

600x1000

S(150)

❶

600x900

70

600x900

分区色块对比红色消防管线，
在平凡中加点趣味

　　本案例是两户打通的格局，所以从大门进来后会通向两边，一边通往储藏室，另一边通往玄关再进入室内。玄关压低的天花板顺应走道宽度设计，并没有刻意与客厅挑高形成 1：1 的比例。设计师刻意压低天花板高度并搭配明亮白灯，目的有二：一是将冷气主机与繁杂的管线隐藏其中，令视觉观感更为干净；二是通过高度的降低与冷调的光线，让人由玄关进入时感受到上方压力，于是潜意识中不想多做停留而快速通过。离开玄关之后来到客厅，由于天花板陡然拉升，便会产生豁然开朗的心理效果，心境也随之开阔。客厅天花板保留原始结构以创造挑高条件；消防管线外露，除了遵守消防法规之外，红色消防管的粗糙外观也与玄关天花板的平整形成强烈对比，增添空间趣味性。

[拾镜设计10 Pure Design]
Designer:杨岱融、陈相妤

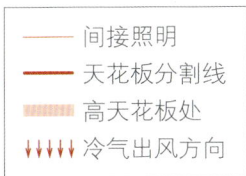

只在公共区分成1:1的挑高天花板和降低区，
划分空间主从之别

策略关键：

❶ 原本大梁
❷ 藏有投射灯光

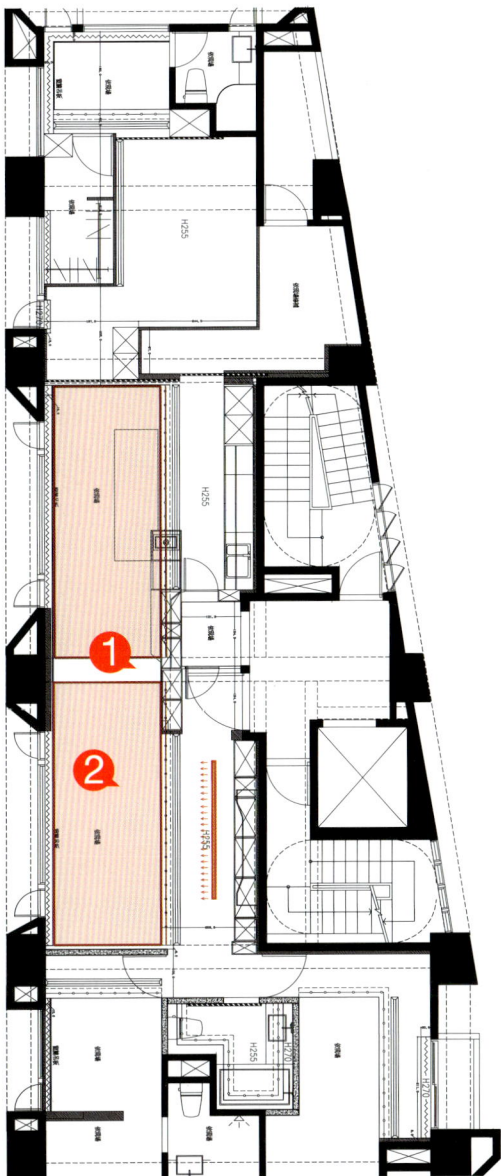

动线区域使用大面积白色与直接照明使空间明亮，座椅区域使用
安定的蓝色及间接照明，使人感觉放松舒适

高低层次的天花板刻意压低隐藏了大部分的管线，使刻意外露的
蓝色挑高区域清爽干净，只留下具有特色的消防管线

[寓子设计丨爵士蓝调U Design]
Designer:蔡佳颐

U Design
挑高天花板运用灯具配置，
转换室内气氛

　　因为室内为挑高的空间，故规划为间接照明再加上几颗嵌灯点缀，再以吊灯为主轴，让空间看起来更有层次。餐桌就以壁灯来增添可乐石的温暖，走道以数字灯作为装饰，同时也是夜灯，让每个空间都有照明。客厅以及上夹层利用灯具来分区，上夹层使用散光灯具不会让人感到刺眼以及不舒适；而挑高的部分利用较聚光的灯具让客厅有聚焦的感觉，想转换气氛的时候可以只开主灯或是只开聚光灯具，打造不同氛围。除了以间接照明来烘托立体层次感，更通过木作包覆冷气管线，将其隐藏于天花板中，以木皮包覆增添空间暖度及设计感。上夹层设置简单嵌灯，以减轻压迫感，让人能够在此空间长久待下去，并拥有无与伦比的舒适感受。

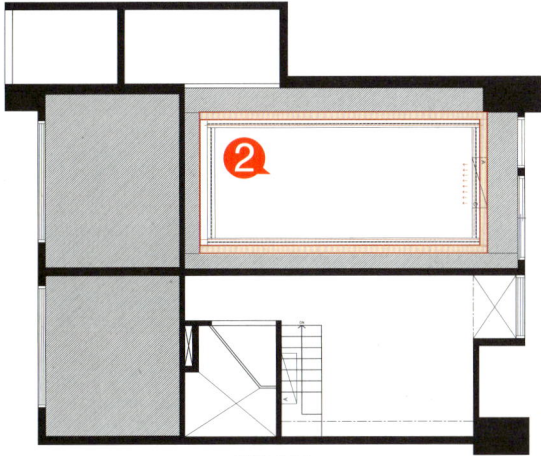

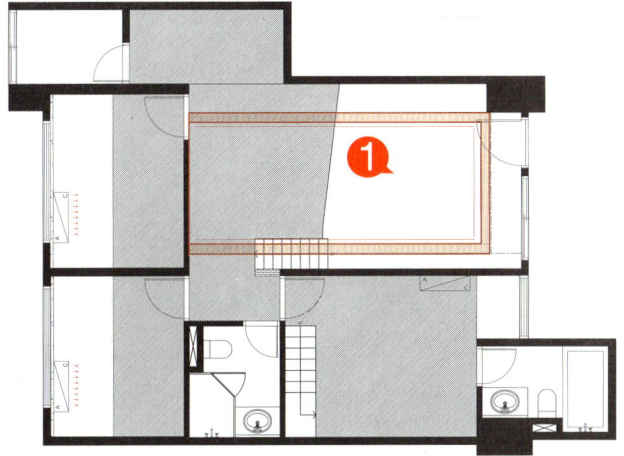

挑高空间

1F

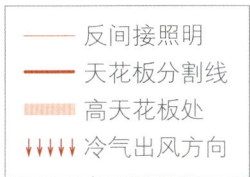

—— 反间接照明
—— 天花板分割线
▨ 高天花板处
↓↓↓↓ 冷气出风方向

设计深色斜面天花板修饰大梁，其余皆采用白色涂装

策略关键：
❶ 为了避免狭窄感，挑高空间需要装置较长的吊灯
❷ 内有嵌灯投射减低深色沉重感

所有管线都隐藏在天花板内，木作涂上纯白色漆，展现简约利落的氛围，视线也由此向前延伸

为打造挑高不压迫的空间，以吊灯为主角再加上几颗嵌灯作为辅助，并将沙发背墙上的梁贴上木皮。当灯光打下去时会令空间看起来更有层次，也消除了横梁的尴尬感

[Bellus interior design]
Designer: 王昭智

Bellus interior design

斜角天花板的艺术，
兼具机能与美感

　　客厅天花板采用斜角设计，让视觉变得更加柔和，而天花板所呈现出的犹如大厦屋顶的造型，带有现代、前卫的元素，但又富含变化。另一方面，天花板周边做出沟缝，其垂直与水平面刻意脱开，以确保日后不会发生油漆龟裂现象，也创造出层次美感。两侧有梁，所以通过斜角设计加以修饰；中间的天花板上方有管线，借封顶天花板遮掩并加装嵌灯，强化照明机能。而电视墙与天花板是刻意被安排在同一条中轴线上，呈现对称的视觉效果。设计师也针对灯具加以调整，采用 3000K 流明的黄色灯光，让空间质感更为温暖。

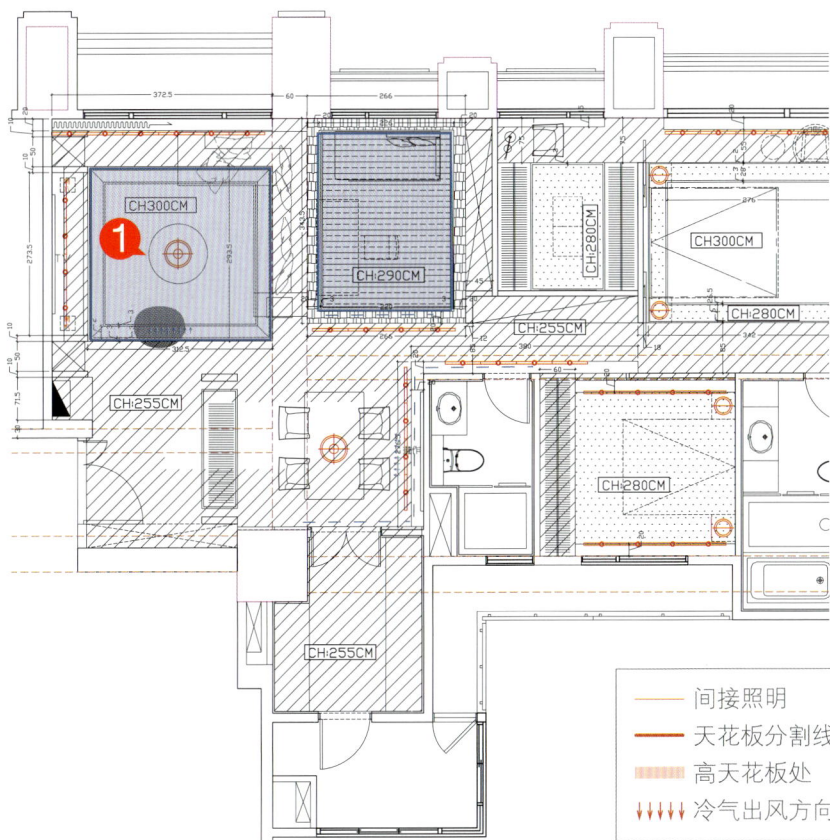

图例：
- 间接照明
- 天花板分割线
- 高天花板处
- ↓↓↓↓ 冷气出风方向

图中标注：
- CH:300CM
- CH:290CM
- CH:280CM
- CH:300CM
- CH:280CM
- CH:255CM
- CH:255CM
- CH:280CM
- CH:255CM

天花板高低会决定压迫感的大小，因此针对天花板设计的尺度、比例必须抓好。除了与整体室内风格搭配以外，还要整合消防管线、灯具设备、空调主机……最后无论从横向或纵向看，都必须保持外观整齐

策略关键：
❶ 最常使用的平顶式天花板务必维持简洁，不要有太多灯孔

挑高天花板有效消除压迫感，斜切角度设计也让空间气氛变得柔和

天花板顶部与四周刻意脱开，除了营造层次感之外，也避免天气原因所导致的龟裂现象

Noir Design

皮革互搭玻璃天花板
营造视觉交错感受

在一片浅色系的室内空间里，踏入餐厅就感觉到另一种气氛，最大的"功臣"就是别出心裁的天花板设计。业主偏好暗色装饰，深色木作能赋予空间沉稳的氛围，因此家具门框多选用暗色系。设计师想让天花板呼应木作桌的颜色，但没有选用同样的咖啡色系而改用黑色人造皮革。在天花板的底板下将人造皮革与玻璃拼贴互搭而成，展现出沉稳的现代感。融合业主个性的装饰性天花板，配合硬质工业风的吸顶灯落下的黄光，创造出视觉上的交错感受。

[禾空间设计Noir Design]
Designer: 禾设计团队

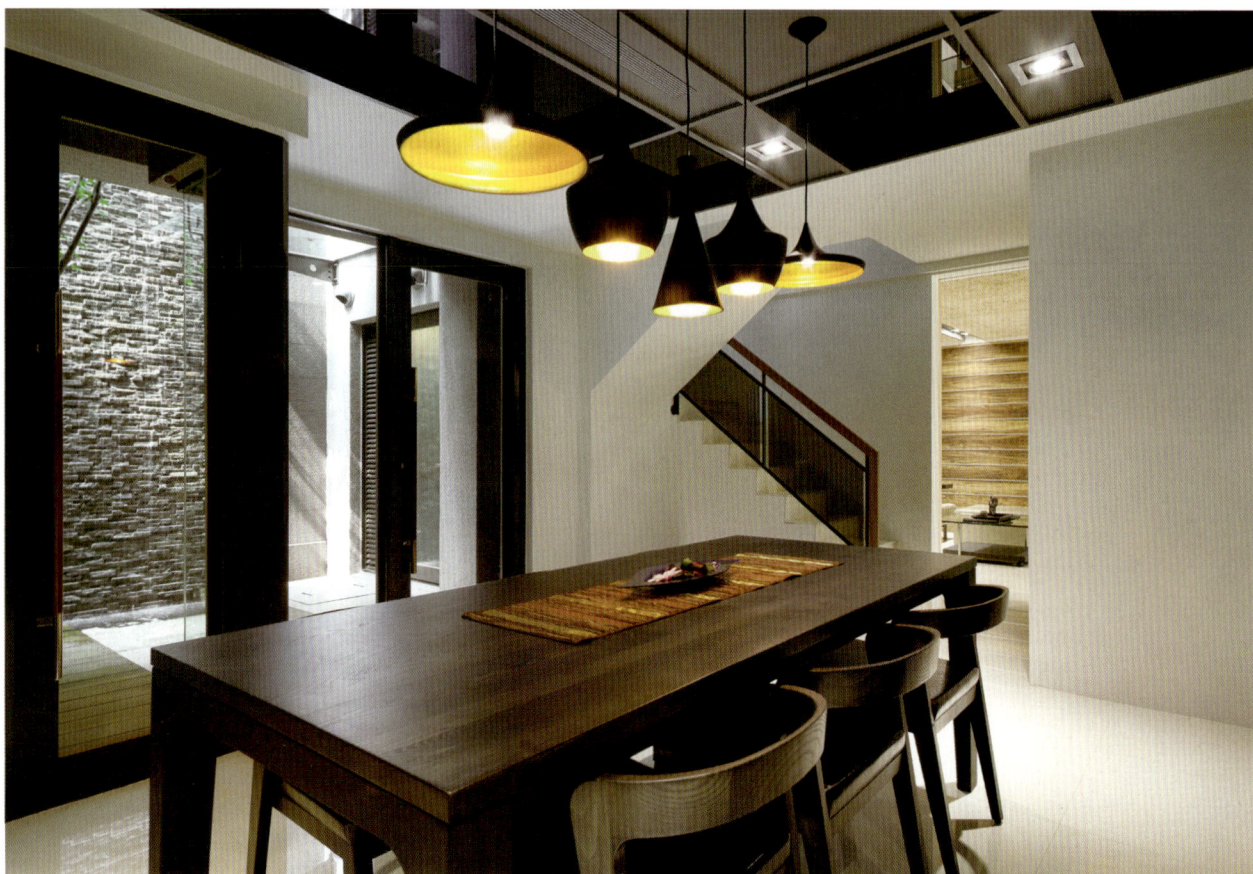

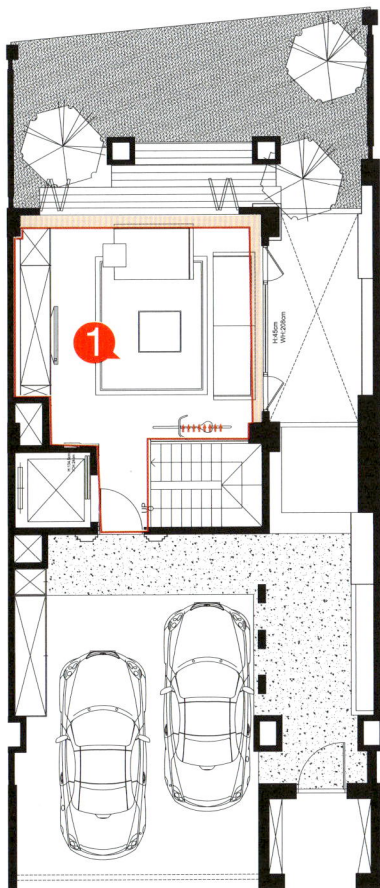

将室外光源引进屋内，为深色系比例较高的空间产生一些舒适感

黄色光源达到调和冷色系空间的效果。皮革与玻璃材质搭配的天花板，突显材质本身特点

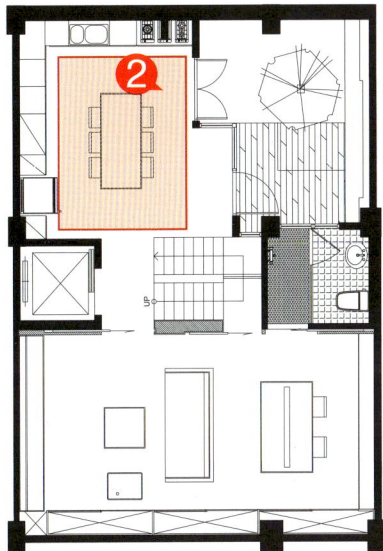

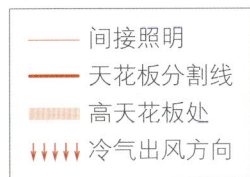

——	间接照明
——	天花板分割线
▨	高天花板处
↓↓↓↓	冷气出风方向

业主希望用餐时有平稳的心情，因此降低了天花板。在本区"坐"下的行为较多，所以略低的天花板是舒适的

策略关键：
❶ 餐厅区黑玻璃与人造皮革发挥空间局部对应功能
❷ 平顶式天花板要小心灯光安排，才不会有沉重感

Noir Design

老屋的印象转变，
玻璃天花板为室内导入多角度光源

　　传统老房多属传统长形街屋，呈现前后狭长的格局。此案例为一件落地四层老屋改建案。年轻的业主购屋后，表示希望融合现代化的新意，赋予老屋新气象。最上层的空间为客厅相邻的起居室，设计师设计出玻璃造型的天花板做出天井，光线自窗外由天花板引进，让其他暗房开窗的位置都能向着光源，借此改善老屋采光不足的现状。最上层也以大开窗方式，搭配错落不规则的小窗为室内引进最多的光源，屋内自有细腻的光线明暗变化。

[禾空间设计Noir Design]
Designer: 禾设计团队

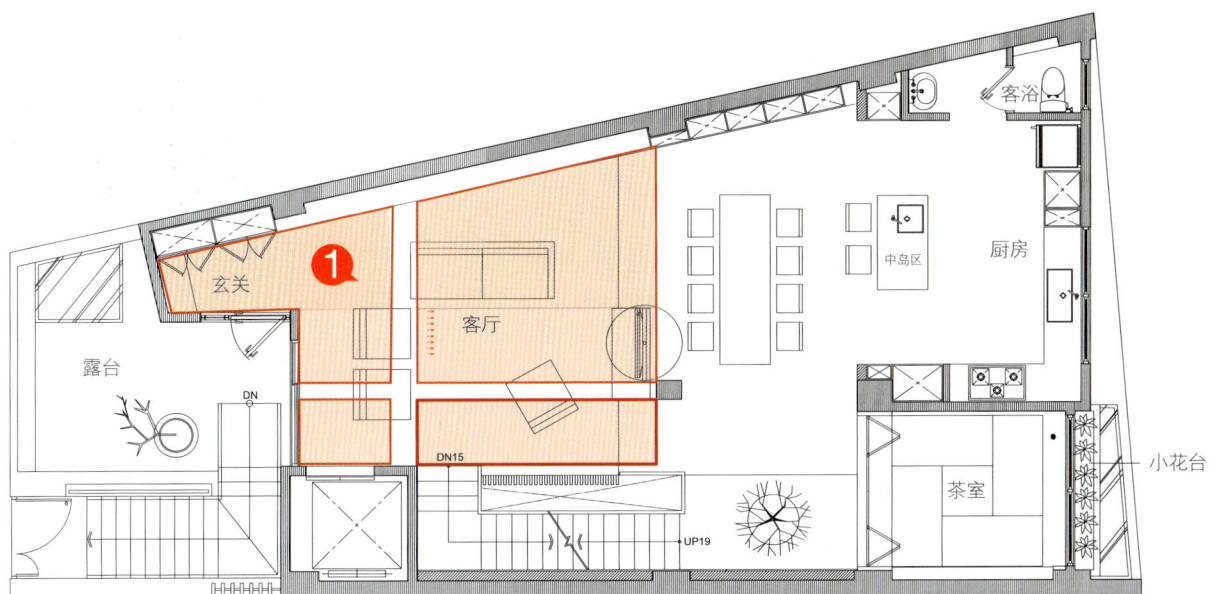

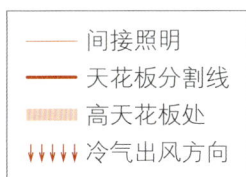

—— 间接照明	为了避免挑高室内阴暗部出现视觉死角，错落的开口窗能够引进多角度的光源
—— 天花板分割线	**策略关键：**
▨ 高天花板处	❶顺梁切分四区域，让客厅梁自然出现
↓↓↓↓ 冷气出风方向	

不规则的壁上开窗为空间带来些许趣味

利用天井做好室内采光，空间也会被放大

[意象设计TriVision]
Designer:李果桦

TriVision

露出建筑的原貌，
窄型格栅增添温暖

　　结构是建筑风格的基础。先顺着格局"整骨"，将玄关正面的卧室改到玄关的另一侧，让客厅和餐厅恢复应有的比例与采光，刚好在原始钢骨大梁下分成开放式的两区。钢骨本身只涂了防火层（颗粒状），看起来非常有趣。设计师想保留天花板原始的工业感，但是如此一来又显得设计过度"单薄"，格栅就成为理想的选择。立板型的格栅有着现代的美感，镂空的面积比立板多4~5倍，同时保留了房子高度、粗旷质感与家的温暖，空调与消防管线也不会太明显。拿铁色的底层与原木色形成很好的搭配。

卧室基于温暖感，最好是将整个空间都包覆起来。本区天花板采用的是脱开的手法，与梁的距离比较远

拆除隔间墙把公共区放大，细长的木格栅带着温润的美感，特意装饰的深色人工铁柱，带有纽约的工业风，好像撑起整个公共空间的视觉重量，与另一侧封闭的卧室取得平衡

左边下降的白色长形走道整合了空调机件，也是分隔公共区与私密区的界线

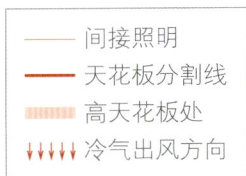

间接照明	
天花板分割线	
高天花板处	
冷气出风方向	

只在客厅区施作木格栅天花板界定空间

策略关键：

❶玄关前的走道保留大梁，形成动线

罗马洞石

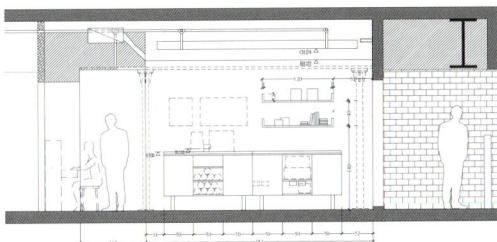

餐厅柜面立面图

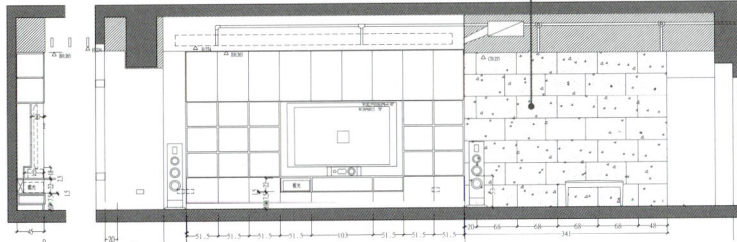

玄关立面图

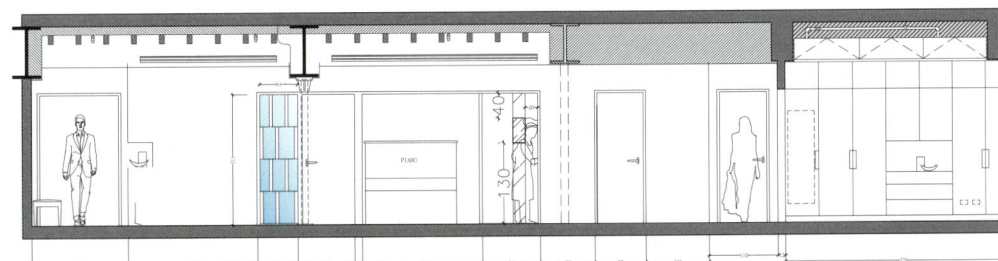

客厅立面图

利用天花板区域
稳定原有的不安定格局

　　一进大门就是餐厅与厨房区，加上餐厅两侧有两条动线，显得本区不完整也"不安定"，但又不适合用墙或柜来处理，此时天花板就是一个非常好用的"工具"。首先使面积最大的蒂芙尼蓝色L形框从玄关包覆到走道底端，让本区视觉比例与客厅书房区形成不对称；第二，用浅原木色包覆餐厨与公共卫浴区，从天花板到墙面做统一处理才不会有墙面断裂的畸零感。双重包覆的好处是让用餐区的定位鲜明，并获得足够的安全感。

餐厅背后的蒂芙尼蓝墙同时也有展示功能，整个蓝色一路往内缩，其实也有令上方的梁消失的功能。高度更低的浅色木皮使居住者在用餐时更有安全感，将餐厅、厨房、卫浴墙面统一包覆，就是一种兼具整合与美感的跨界设计

[意象设计TriVision]
Designer:李果桦

只在玄关前的大梁处采用涂色L框天花板

策略关键：
❶+❷ 两层天花板将玄关入口、餐厅、卫浴结合在一个区块内

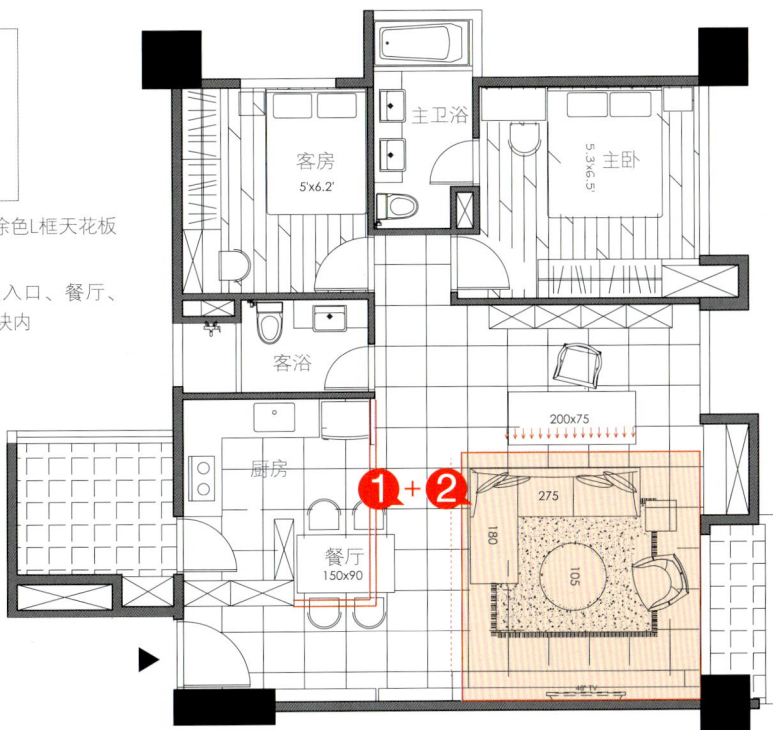

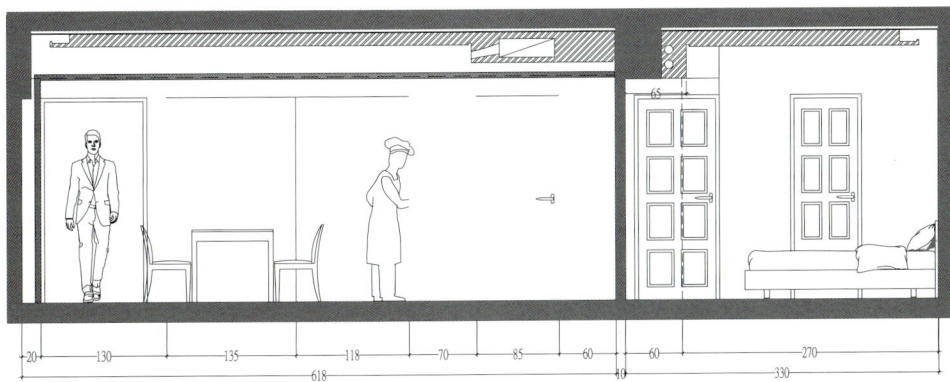

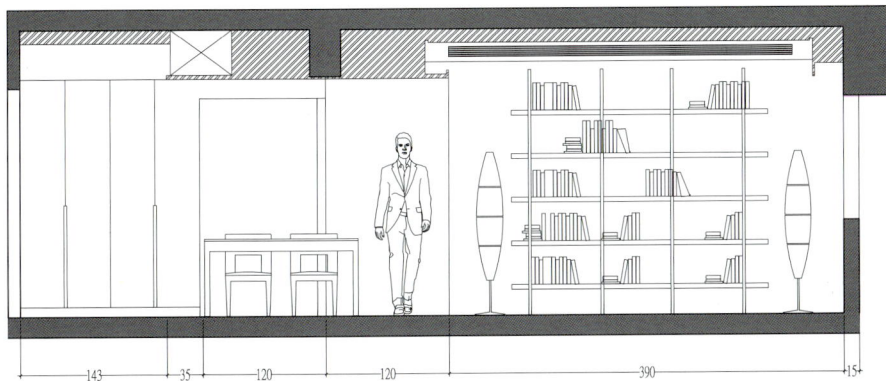

客房
5'x6.2'

主卫浴

主卧
5.3x6.5'

客浴

厨房

餐厅
150x90

❶+❷

200x75

275

180

105

618
20 | 130 | 135 | 118 | 70 | 85 | 60 | 60 | 270
40 | 330

143 | 35 | 120 | 120 | 390 | 15

圆弧天花板融合家的空间，
45度角的光感时尚

　　本案例为畸零空间的楼中楼，除了临窗墙，没有其他完整的安定面，许多转折角落让空间显得琐碎狭小，如何克服平面格局是最大的难题。设计者索性将缺点转化为空间特色，先运用入口左侧的收纳柜制造玄关，同时收纳鞋柜与冰箱；再将活动电视墙设在转角处，让客餐厅都可观看电视，为了修饰电视后方的锐利直角，设计者拉出一排45度角的收纳柜；最后用一道圆弧天花板串联厨房、餐厅与客厅，完整道出家的意象。这道弧线不仅化解了压梁，让畸零空间融为一体，也修饰了视线所及的楼角，搭配间接照明，让圆弧更加明显、柔和。

[你你空间设计Nini House]
Designer:林妤如

可灵活转动的电视墙呼应天花板的圆润弧度

45度斜面的柜子

天花板弧线串连客厅与餐厨，让畸零空间不再琐碎

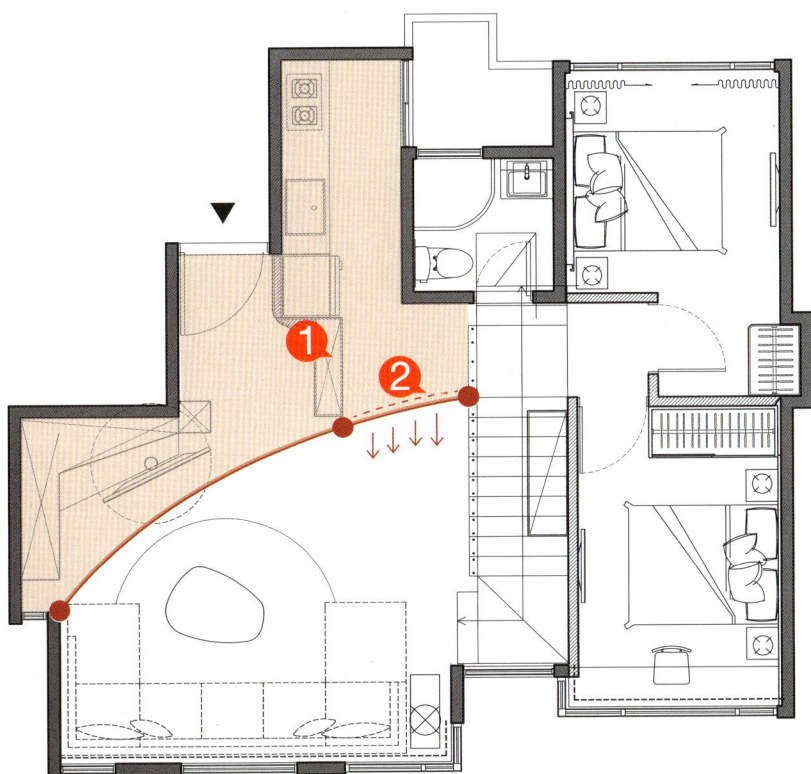

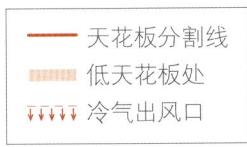

― 天花板分割线

▨▨▨ 低天花板处

↓↓↓↓ 冷气出风口

从房屋入门处开始，墙面转角很多，因此天花板自楼梯侧（入口大门左侧）拉出一道圆弧至客厅的沙发旁，为建筑本体收尾，让客厅出现主墙，定义出空间

策略关键：

❶ 天花板整合光电设备，深度可安装直接照明

❷ 弧形天花板侧面整合冷气出风口

[你你空间设计Nini House]

Designer:林妤如

Nini House

天花板折角面提升高度，
不同材质高低分区

　　本案例是三代同堂的大型住宅，却没有玄关。业主希望视觉上有清楚的空间划分，因此设计者以木质天花板纵深向内，将视线引导至落地窗旁的格栅，以艺术藏品创造优雅景观，巧妙运用景深赋予场域意义。同时，利用客、餐厅之间的梁位落差设计低调的天花板折角，运用折角面提升客厅尺度，以上扬线条与间接照明接续温润的木质天花板，并暗示客餐厅的区域划分。用餐区域以逐渐上升、堆叠的天花板造型对应长型餐桌，创造空间感，并让视线聚焦于大面书墙。整个空间皆利用同样的折角手法，赋予开放区域清晰完整的界定。

進門處沒有玄關，以略高的異材質天花板帶出有形的視覺導向

策略關鍵：

❶ 拉高天花板和間接照明

❷ 餐桌與客廳使用塗裝天花板，與入口前的木作天花板形成對比

——	天花板分割線
▦	低天花板處
- - -	間接照明

漸層上升堆疊的天花板定位出不壓迫的長型餐桌

三種材質的天花板造型搭配往兩側漫射的照明，暗示三個機能區域

入口延伸向內的木質天花板為大宅導入端景

Nini House

木作天花板连接展示壁柜，
充满童趣与回忆

　　100平方米的新房是新婚夫妻的第一个家，除了简单舒适，两人希望将共同的收藏展示在空间中。为了修饰格局中央突兀的大梁，设计者设置了一左一右的壁柜与电视墙，以一浅一深的色彩区块平均划分客餐厅；并在中间创造了一道木作天花板，一路延伸向内，至厨房门转折而下。温润的木质天花板不仅化解压梁，搭配嵌灯照明将生活动线指引向内，串联起空间纵轴。对应天花板的壁柜则平整切齐梁体深度，规划成收纳展示的开放柜体，摆设两人在世界各地收藏的星际宝贝史迪奇、随行杯等物品，以充满童趣与回忆的收藏品创造廊道景观，凝聚家的归属感。

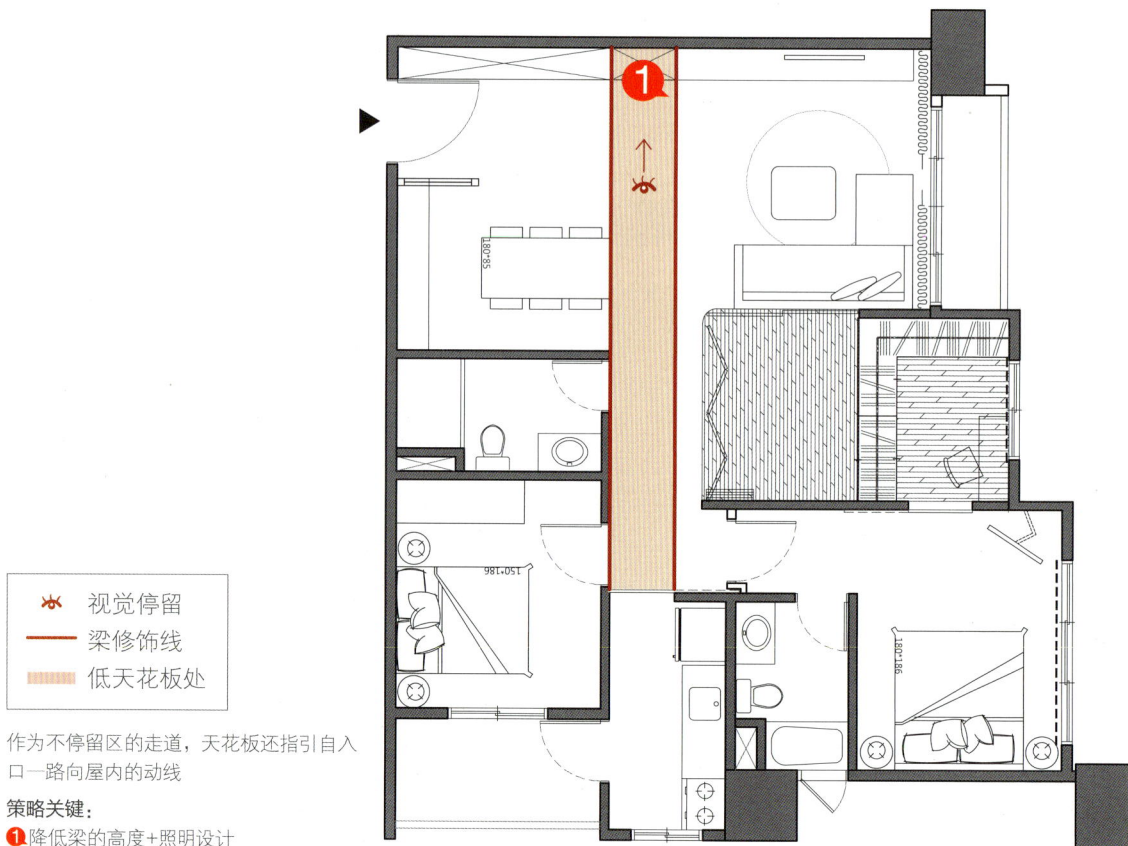

⊗ 视觉停留
— 梁修饰线
▨ 低天花板处

作为不停留区的走道，天花板还指引自入口一路向屋内的动线

策略关键：
❶ 降低梁的高度+照明设计

【你你空间设计Nini House】
Designer:林妤如

客厅区域保留原始屋高，创造空间段落的挑高感受

木作天花板穿越公私领域，缓和大梁的压迫感

[你你空间设计Nini House]

Designer:林妤如

Nini House
镜面天花板
共谱现代新古典飨宴

踏入玄关后，笔直延伸向内的玻璃茶镜首先映入眼帘。设计者以镜面搭配天花板的拉框造型，先化解横梁的压迫感，再将视线引导至明亮窗景，让空间具有延展效果，并以动线划分开放空间与后方书房。面对电视墙，利落的天花板茶镜连接书房的清透玻璃，最后延伸至大理石电视墙，不同材质共谱和谐的韵律。镜面天花板上的照明选用超薄嵌灯，和横梁间只有2厘米距离。设计者认为，近来镜面玻璃的接受度逐渐增加，但须注意摆设位置，避免造成视觉干扰，而且镜面天花板的照明必须向下聚拢，避免选用间接光源，光线才不会被镜面反射吸收。

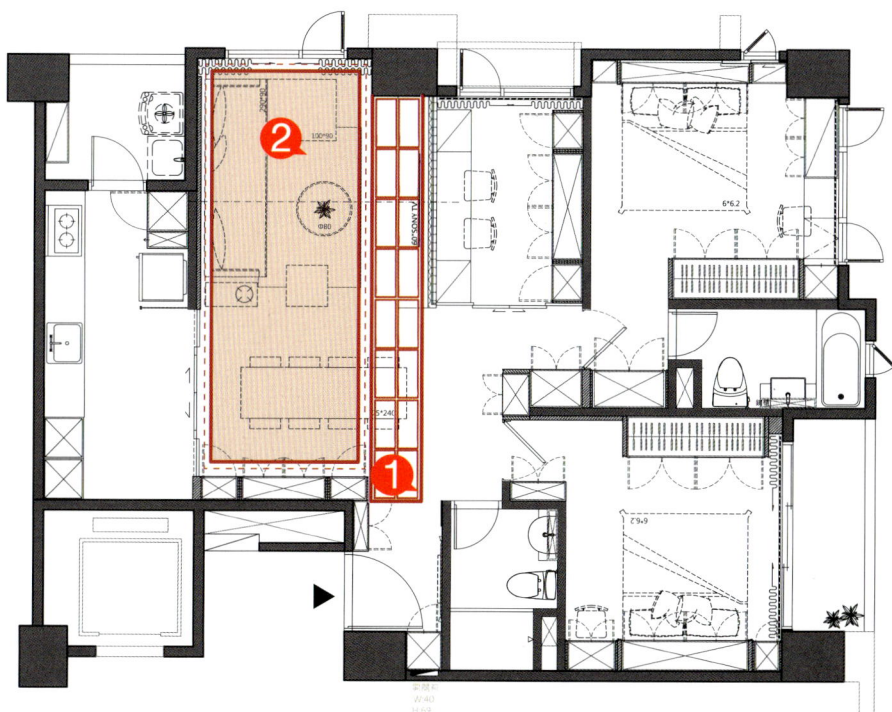

镀钛镜面天花板
天花板分割线
高天花板处
间接照明

进门后先压低、后拉高的天花板可放大室内空间

策略关键：

❶ 镜面天花板修饰大梁，区分公共区与私密区

❷ 长型天花板收拢客餐厅

由玄关延伸向内的玻璃茶镜化解压梁并区分公私领域

镜面天花板以利落线条放大空间尺度，延伸视觉

镜面玻璃上选用超薄嵌灯，将光源汇聚向下

简约天花板造型
配合空间结构修饰与变化

　　客餐厅是一家三口生活的公共空间。在尺度开阔、楼高充裕的客厅选用倒吊天花板，定义家人交流的开放场所，并以间接光带勾勒边缘低调的斜切折角。简约的天花板造型循序渐进铺陈景深，不破坏开阔尺度，引导视线停留在知性美感的木质书墙上。走廊顺着大梁一路延伸至私人领域，拉长空间尺度、收整机能，同时刻画出独立的餐厨区域。餐厅以纯净天花板衬托木色主题，并延续折角的造型手法，搭配气孔嵌灯，呈现凹凸有致的视觉效果，为雅致空间增添趣味性。

——	天花板分割线
▨	高天花板处
----	间接照明
—·—	间接光带斜切折角范围

顺应屋内大梁，将天花板拉高以稳定客厅区域。

策略关键：
❶ 脱开式的天花板和宽光带提供足够照明
❷ 拉高的天花板争取室内空间的宽阔感

客厅的倒吊天花板搭配间接光带，定义知性生活空间

餐厅的天花板也以折角的手法点缀空间趣味

[你你空间设计Nini House]
Designer:林妤如

CH4

美感鉴赏 ┃

天花板是一个多元化的设计项目，

要融入空间整体的设计概念，配合企业需求与居住习惯。

台湾建筑大多是在实用主义中寻找变化，

国际建筑则是因为本体变化多，

可以有更多发挥创意的空间。

1

2

3

4

5

[你你空间设计Nini House]

1.2. 客厅矩形倒吊天花板化解压梁并区隔梁位，以纯净造型放大空间

3. 餐厅的圆弧造型倒吊天花板搭配流线灯饰赋予团圆意象

4. 直条纹天花板、钻面壁柜、线性床头板，复合式线条呈现主卧气质

5. 提炼英伦风格的线性元素，以经典菱格纹天花板打造男孩房

1. 2. 3. 在公共领域，利用天花板做空间上的区隔，搭配有层次感的设计，让房屋有挑高的效果，放大空间视觉
4. 由于男业主喜爱现代简约风，女业主喜爱法式古典风，设计师在空间上将两者结合，而天花板则使用古典层次线板装点

1. 在300平米的办公空间中，不加隔间墙，以直线的延伸扩大视觉，展示出企业的活力与长久的经营。空间以纯白为基底，再点缀上企业活力色。

2. 天花板的光轨设计沿袭一贯的科技形象，创造了一个绝佳的数位空间，利用光的速度、轨迹表现整体设计理念，设定透光的比例形成光束，造成视觉上的速度感，通过玻璃隔间的折射，无限延长光的轨迹

3. 由办公空间延伸至室外公共空间，梯厅部分以黑镜和大理石为主打造一个气派且具有光影的空间。天花板采用轻钢架设计，排成一格一格的白色方块，加上灯光照射，让空间光影变化更加活泼有趣

[好室佳室内设计]

1.2. 因长辈希望家庭圆圆满满，所以设计师在客厅天花板中巧妙地加入圆润造型，搭配圆形水晶灯饰营造出圆润柔和的观感

3. 设计师发挥巧思，将冷气维修孔完美地隐藏在天花板的造型与灯光后，并做修饰让光线更加立体明亮

[好室佳室内设计]

1. 2. 设计师通过透视法创造独特的人与空间的互动性，让生活更加有格调，也让空间呈现不同的风格

3. 4. 挑高的房型在天花板上的发挥空间很大，以业主喜爱的风格做简单的设计，将照明、空调机能包含其中，另外照明灯光可以同时照亮2楼空间，一举两得

【好室佳室内设计】

1. 开放式厨房与餐厅延续朴素的风格，以黄色调勾勒出餐桌的温馨感，餐桌上方天花板使用圆形线板，富含团圆意味

2. 3. 厨房小吧台方便业主与客人对话，兼做厨房与餐厅的分野。天花板也相互呼应，将两个空间进行视觉上的区分

1

2

3

【好室佳室内设计】

1. 2. 各空间利用不同的折射材质使空间拥有更多表情，也增加了空间宽阔的视觉感

3. 天花板上方的大横梁运用灰镜加木纹格栅设计，横向的沟缝带动视觉上的延展，巧妙地使梁成为造型的一部分。扩大感的设计使空间更具独特魅力，吸睛度百分之百

[林祺锦建筑师事务所]

1. 波浪般起伏的天花板造型为空间植入活泼气息
2. 格栅材质选用香杉，散发淡雅气息
3. 建筑外围的木格栅转入室内，延续室内外的视觉感受

【林祺锦建筑师事务所】

1.2. "外凸"的方块天花板呼应"内凹"的建筑立面
3. 室内玄关的木格栅天花板回应牛奶盒式的建筑原型
4. 开放式廊道以凹凸有致的天花板造型点亮回家的路

[直方设计Straight Square Design]

设计师没有选择全部封顶的手法，只在大门口与吧台区以木作天花板区分空间，为室内空间增添一抹新意

【联宽室内装修】

1.2.3. 不同的天花板高度可以帮助分隔空间区块

4.5. 天花板以线型造型为主，通过LED调光灯的照明来抬高天花板视觉高度

1. 以木质打造舒适的泡汤空间，满足业主的生活需求。天花板材质选用寮桧，泡汤时可享受独特的桧木香气
2. 间接照明藏于天花板侧边，不影响泡汤时的视觉

[芸采室内设计]

1.2. 天花板的韵律节奏增加廊道延伸感，将视线引至壁面端景

3. 凹槽内藏投射灯，以温和光源进行气氛转换。玄关天花板以深色的分割凹槽呈现深浅反差，拉高空间层次

[隐室设计]

1. 业主喜欢中性甚至带点阳刚的风格，订制的铁网柜与放置乐器的固定夹器结合，看似装置艺术也兼具了实用性

2. 配合固定窗的分割与平面图上的配置，将电线以垂直水平的方向呈现。天花板与墙面为冷峻的水泥质感，红铜色管线与暖白光相配，使整体空间融为一体

3. 空间虽小却有着小阳台，适合创作者伴着阳光酝酿灵感。简洁利落的分割固定窗，利用金属浪板作为阳台设计的一部份，与室内空间的金属感相呼应

[Neri & Hu]

保留原有建筑的木头梁柱天花
板，拉高空间，融合新旧，散
发朴实的人文气息

[Millimeter Interior Design Ltd.]

折纸的概念打破办公空间的制式窠臼，不规则的多边立体线条从墙壁到天花板任意伸展曲折，折过来折过去，折出一个自由好玩、充满无限想象的魔幻办公室

[HEI:interior]

在开放的办公空间，用木板穿过黑色钢构形成三角形、长条形等镂空天花板，搭配大片木纹质感的天花板，
虚实交织，为办公室带来难得的自然惬意

[Joey Ho Design Ltd.]

金黄色天花板灯槽下，以简约线条打造树屋，结合滑梯，仿佛阳光恣意洒落，营造愉悦欢乐的气息

[Millimeter Interior Design Ltd.]

裸露的水泥、水管搭配对称的几何钢构造型天花板与支柱，内置LED灯创造震撼的
立体视觉效果

[Danny Cheng Interiors Ltd.]

室外水池的水波延伸到室内一片片的
白色波浪造型天花板，配合灯光设
计，从白天到夜晚尽现不同的迷人风
采

[梁锦标设计有限公司]

大胆地把50年老屋的横梁融入天花板造型中，以新的长方框穿插于旧有的2根大横梁，佐以LED灯光照明，打造出立体的结构与光影层次，消弭大梁的压迫感。流线造型的天花板巧妙化解了主卧室大梁压床的风水禁忌，内藏灯光照明，增添空间层次

【PplusP Designers Ltd.】

将户外一览无遗的自然美景纳进室内，化为餐厅天花板上的立体树枝，并在天花板树枝间悬挂球形吊灯，意味着树上硕果累累，为家注入回归自然的写意舒适

[刘汶霭装饰设计事务所]

在挑高七米的大厅，天花板设为可开合的电动天窗，让业主可随天气与需求自由调整光线。打开天窗，自然光洒入室内，蓝天白云一览无遗；关上天窗，金色天花板恢宏大气。圆形天花板以黑色线条勾边更显立体，与圆形水晶吊灯、圆桌、大理石圆形拼花图腾地板相互辉映，散发高贵典雅气息

[Danny Chiu Interior Designs Ltd.]

内凹的不规则块状、圆形与长方形高低错落交织而成的天花板，在开放宽敞的公共领域界定出客、餐厅与钢琴区。以金箔勾勒客厅与钢琴区灯槽，完美演绎高雅生活品味。餐厅以镜面铺贴于内凹的长方形天花板里，加上量身定做的水晶灯，空间更显优雅

[Ben' s Design Ltd.]

天花板四周运用圆角收边创造灯槽，
配上一层弧形银箔天花板，高低不同
的形状塑造出立体层次；柔和的流线
造型，刻画出室内优雅的律动

【Corde Architetti】

一楼起居室的木头船板造型天花板配上显露在外的粗犷实木横梁，朴实温馨的自在气息于空间中飘散

【SamsonWong Design Group Ltd.】

圆弧的设计概念从地板、编织隔间墙延伸到多层次的圆形天花板，内层搭配嵌灯，外层内置圆形间接照明，柔化充满律动的流线造型

[Icon Interior Design Ltd.]

大厅天花板在四周安排了长方形内置嵌灯，搭配内凹天花板隐藏间接照明，再加作一圆形天花板配合圆形水晶灯，营造中西荟萃的宽宏大度与华丽精致。天花板以双层凹槽内藏间接照明，搭配最上层的棋盘造型镂空天花板，虚实之间交织出独特的现代古典氛围

[SamsonWong Design Group Ltd.]

高低天花板拉高空间层次，中心内凹圆形天花板作裂纹效果，与圆桌相得益彰，加上知名设计师Tom Dixon的Etch Web吊灯，为居家空间注入现代艺术品味

[Thomas Chan Designs Ltd.]

楼梯间以白色、玫瑰金双色交织的五角形镂空图案为主，从墙壁蔓延到天花板，遮掩天花板的外露管线，更为楼梯制造视觉美感

【梁锦标设计有限公司】

不规则线条天花板为简约自然的空间注入不凡的品味，并有效转移视觉，巧妙化解原本斜角的格局缺失

[Kyle Chan & Associates Design Ltd.]

客厅灰镜玻璃天花板映照出室内优雅的家具陈设，也折射出窗外一览无遗的城市景观，不仅放大空间，也让空间更值得玩味

[Smart Interior Design]

白色格栅天花板呈现极具层次感的线条，配上工业风吊灯，演绎多元化的混搭美感

[Mon Deco Interior]

客厅放置了典雅的欧式家具及艺术饰品，配以纯净的白色格子天花板，并采用多层次线板内藏嵌灯，诠释现代和经典兼容并蓄的低调华丽

【高文安设计公司】

以简单的白色空间架构，搭配局部天花板装饰的古木片，略带斑驳的木头及彩色图案与业主各式各样的古物与家具家饰饶富艺术感，值得玩味

[SamsonWong Design Group Ltd.]

木纹与水泥交错的立体几何造型天花板呈现宛如雕塑艺术品的精准比例，带来视觉震撼

[Danny Chiu Interior Designs Ltd.]

色调沉稳的开放式公共空间搭配白色天花板，佐以突起小圆形投射灯，窗台顶长条不规则斜角木天花板内嵌LED灯，可随心所欲地变化多种灯光效果，营造精品饭店氛围。餐厅天花板以多层次斜角木天花板呼应胡桃木地板与名师设计的玫瑰金餐椅，配上可转换不同颜色的内嵌LED灯，衬托出非凡魅力

[PplusP Designers Ltd.]

在入口处，两个内凹长形方形交叉的简洁线条天花板呼应一长排的大理石小花朵拼花图案，描绘现代典雅气息，更发挥了界定客、餐、厨及引导动线的功能。客厅天花板的白色花朵是撷取餐厨区大理石地材上的拼花图案，天地错落，相互呼应，共谱一室的简洁纯净和优雅舒适

[Robert A.M. Stern Architects, LLP .]

木质方格天花板对应木质地材,内置投射灯,配上一盏水晶灯,为开阔宽敞的大厅注入优雅自在的气息

[ARRCC]

横跨客、餐厅的木质天花板一片片拼贴组成,内置间接照明,使木纹质感更加立体、细腻,使视觉延伸,同时形成空间上的焦点

293

[KNQ Associates]

客、餐厅天花板以半圆弧白色水泥材质高低交叠，拉出空间层次，并巧妙地融合空间中的多种色彩与材质。次卧天花板将黑、白线条延伸到壁面与橱柜，勾勒出立体块状组合，赋予空间简洁明快的个性

[Danny Chiu Interior Designs Ltd.]

横跨客、餐厅的天花板裱贴上大面积的小方块金箔，搭配镜框及枫影木勾出灯槽，层次分明中绽放香槟色光芒，流露低调奢华的精致尊贵。卫浴空间的天花板铺贴镜面，反射出清水白玉云石倒影，放大空间，臻显气派

[Man Lam Interiors Design Ltd.]

以天花板灯槽转角的圆弧柔化原本客厅电视墙与厨房的斜角格局，将空间棱角转化为优美的线条

[Millimeter Interior Design Ltd.]

面对一望无尽的自然美景，天花板以平铺式木条缀饰内藏嵌灯，简约利落中尽是看不腻的河岸风光

【Danny Cheng Interiors Ltd.】

轻薄木片如折纸般在天花板上折出立体而轻盈的流线造型，将视觉延伸到户外的
大片绿意上，置身其中，一派闲适写意

行云流水的弧形线条天花板从玄关延伸到客厅、餐厅，高低层次的流畅线条内嵌投射灯，如满天星光，酝酿出一室的柔美优雅气息

天花板镂空图案金属板沿用了旧有餐厅的重要装饰，配以创新的白色拱形天花板与延伸而下的Art Deco风格三角柱，以及订制的红铜框架吊灯，既保留昔日风格又有新意，重现璀璨流金风华

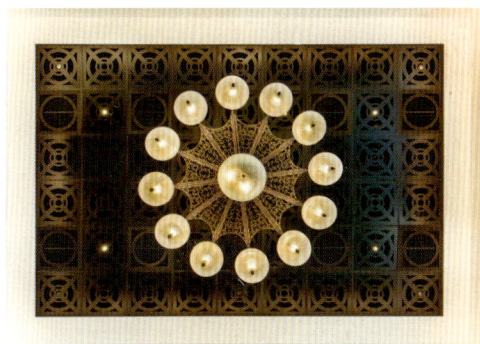

CH5

板材介绍

"工欲善其事，必先利其器"，

好设计要选用合适的材质搭配，

才能表达设计师的意图，呈现令业主满意的美感。

本章列举几个应用广泛且可塑性强的材质。

资料提供：永逢企业、环球水泥、直方设计、水相设计

名　称	特　性	案　例
TOTAL PANEL SYSTEM	1. Total装饰面板是一种新概念装饰面材，集"轻、薄、大、真"的建材优点于一身，重新定义装潢装饰材质。 2. 全新一代的G.F.R.P.（技术聚合天然氧化石材、强化玻璃纤维及聚酯树脂纤维）板材能够以极薄的方式铸形生产，玻璃纤维赋予板材强度，聚酯纤维增加弹性及韧性。	 **永逢企业**/西班牙巴塞罗纳城堡餐厅
舒活防潮装饰板（OSB板、调湿板）	1. 环保再生林松木通过森林验证认可计划(Program for the Endorsement of Forest Certification)。 2. 甲醛释放量符合欧盟E1环保标准。 3. 以酚胶黏合木片，使木片无缝隙；300℃高温制成，完成杀菌处理。 4. 板材表面上蜡，防虫、防水（防止液体第一时间渗透板材）。 5. 具有保温隔热、防潮、防水、隔音、抗震、抗风、抗虫蛀等优点。	 **永逢企业**/Three tea三茶手作饮品文山店
福瑞斯木纤企口板	1. 由天然松木纤维制成吸音底板，表面再以特殊亮面PVC纸压花制成。 2. 多孔结构可达到良好的隔音隔热效果。可应用于PUB、KTV、音乐教室、医院、铁皮屋、饭店…… 3. 企口设计可自行安装。 **注意：不适用于潮湿空间。**	 **永逢企业**
甘蔗板（密集板）	1. 属于低密度塑合板材，凹凸表面具有吸音效果，通常会作一些表面的防潮处理，是市面上被广泛使用的板材。 2. 在水气较重的地方板材容易膨胀，不适合浴室使用。	 **直方设计**/北投陈宅和室

名　称	特　性	案　例
福瑞斯木纹水泥板	1.由纤维水泥板制成，耐用稳定，使用年限长，有韧性，不易变形。 2.水泥为主，防水防潮，耐腐蚀、不易虫蛀，适合台湾的海岛型气候。 3.耐燃一级，室内外都能使用，安全无虞。 4.可用于庭园造景以及各种室内装潢。	 **永逢企业**/森原六十六
康柏纤泥板	1.由松木纤维与水泥混合制成，因松木刨丝浸包水泥，木丝有机细胞死亡，表面水泥披覆，蛀虫不易啃食。 2.多孔结构可以发挥良好的吸音及隔音作用。 3.质地轻，结构稳定，可以作为结构材料。 4.厚度 15 毫米以上，耐燃二级。	 **永逢企业**/台南星巴克
环球石膏板	1.防火耐震，不含石棉、甲醛等挥发性有毒物质，符合健康及环保建材认证。 2.石膏板吸水长度变化率低，材质稳定，接缝处不需离缝且不易龟裂。 3.石膏不会老化，所以石膏板经久耐用。 4.环球石膏板可回收再制，是环保的板材。 5.环球石膏板是耐燃一级板材，不会引燃，确保生命财产安全。 6.环球防潮石膏板吸水率在 10% 以下，不易受潮。	 **环球水泥**
玻璃纤维增强石膏板（Glass Fiber Reinforced Gypsum，GRG）	1.GRG 是一种特殊改良的纤维石膏装饰材料。 2.可塑性高，可加工成单曲面、双曲面等各种几何形状以及浮雕图案。 3.不受环境冷热、干湿影响，符合专业声学反射要求，适用于大剧院、音乐厅等场地。	 **水相设计**/知美诊所

图书在版编目（CIP）数据

天花板设计圣经 / 李亦榛编著. -- 天津 ：天津人
民出版社，2019.1（2021.6 重印）
ISBN 978-7-201-14399-6

Ⅰ．①天… Ⅱ．①李… Ⅲ．①住宅－顶棚－室内装饰
设计 Ⅳ．① TU241

中国版本图书馆 CIP 数据核字（2018）第 302497 号

天花板设计圣经 李亦榛 编著

TIANHUABAN SHEJI SHENGJING

出　版	天津人民出版社
出 版 人	刘庆
地　址	天津市和平区西康路 35 号康岳大厦
邮政编码	300051
邮购电话	（022）23332469
电子邮箱	reader@tjrmcbs.com

责任编辑	赵子源
特约编辑	郑泽琪　魏雅娟　张芳瑜　陈可
装帧设计	卢彦瑾　许宝聪　何仙玲　何瑞雯　卢卡斯工作室　黄雅瑜
编辑协力	id SHOW、MH 香港杂志
策划统筹	广州凌速文化发展有限公司　风和文创事业有限公司
	地址：广州市海珠区建基路 85、87 号省图书批发市场三楼 303 室
	邮箱：iec2013@163.com

印　刷	深圳市雅佳图印刷有限公司
经　销	新华书店
开　本	787 毫米 ×1092 毫米　1/16
印　张	19.5
印　数	5001–8000
字　数	400 千字
版次印次	2019 年 1 月第 1 版　2021 年 6 月第 2 次印刷
书　号	ISBN978-7-201-14399-6
定　价	98.00 元